萬里機構

正男 著

目錄

CONTENTS

序言

作為一名室內設計師，我在這行業已沉浸多年，見證了無數空間的蛻變，也與各式各樣的客戶共事，聆聽他們對新居的願景和夢想。我發現，很多客戶在試圖傳達他們的想法時，往往遇到了障礙，更何況他們的想法千差萬別！因此，我決定將我的經驗集結成書，目的是為了簡化室內設計的過程，讓室內設計這回事變得親民且易於理解。

在這本書中，我用最簡單的文字和清晰的圖畫，向你展示室內設計的基礎知識，從玄關到客廳，從廚房到浴室再到睡房——這些都是我們日常生活中最常接觸的空間。你將學到如何根據不同的設計風格進行設計，以及如何將這些風格融入你的家中，創造出既舒適又美觀的生活環境。

我的目標是使這本書成為你與室內設計師溝通的橋樑，幫助你更清晰地表達你的需求和期望。因為只有當你了解基礎知識時，你才能更有效地參與設計過程，確保最終成果能夠忠實反映出你的個性和生活方式。

我希望這本書能夠啟發那些即將開始他們裝修旅程的新業主，幫助他們設計出夢想中的家。在這個旅程中，你將發現，實現夢想家園並非遙不可及——它需要的，僅僅是一點點的靈感和正確的指導。

FOREWORD

請記住，每個家都是獨一無二的，就像其主人一樣，無論你是追求實用主義還是空間感，或是兩者兼具，這本書將為你提供一個起點，引導你走上創造個性化居所的旅程。

讓我們一起開啟這趟室內設計的旅程，探索、創造，並享受在這個過程中的每一個發現！

正男
室內設計師

序章

設計風格

在開始深入屋內每個空間的設計細節前，讓我們先從各種常見和流行的室內設計風格的核心價值出發，探討要注意哪些要點，才可達致該種風格的精髓。

以下將扼要地介紹三種風格：**日系風**、**奶油風**和**極簡風**的特點，讓你心裏有個譜。

PREFACE

遠離煩擾的日系風

日系風格的魅力在於自然質樸、柔和平靜、清新愜意和簡潔精緻。要想在裝修過程中體現這些特點，我們要遠離一切煩擾感。甚麼元素會帶來煩擾感呢？首先，過於濃烈和衝突的色彩搭配會破壞日系風格的和諧感；多餘的裝飾容易令風格變得不協調；也要注意光線要柔和、收納要做好，等等。如何才能做到真正的日系風？讓我來給你們一些建議吧！

顏色選擇

在同色系中尋找層次感

要想融入日系風格，我們要擁抱自然原木風的和諧配色。然而，選擇配色時，不要只追求統一的木色，而是要在同色系中尋找層次感。把同色系的鄰近色搭配起來，這些顏色彼此互相輝映，便能營造出一個既和諧又具有變化的空間。日系風格的家居以米白色和淺木色為主調，再選擇淺色的暖調色系搭配，如淺木、淡黃、淡綠、淺灰。這些顏色之間的對比度很低，彼此融合得很自然，就像是一杯拌勻後的抹茶拿鐵，讓人感到舒適與溫暖。

米白色
淺木色

簡約家具

日系風通常選擇舒適度與實際功能兼備的簡約家具，避免過多的裝飾和線條。例如收納框的門框，毋須多餘雕花，奉行簡單便是美。此外，避免使用光面材質（如光面瓷磚）、誇張的燈飾和多餘的櫃門把手。

柔和光線

自然採光

要營造日系風格的柔和氛圍，記得注重大量的自然採光。若家中有一扇寬敞的落地窗，就別在窗前放置太多雜物，讓陽光灑滿室內，感覺彷彿置身於青青草地的大自然中，心情也隨之愉悅。

布藝質感

窗簾、沙發等都應該選擇柔和質感的布藝，建議以棉麻質料為主，這會讓人不自覺地放鬆身心，就像穿上一件舒適的棉麻衣物一樣。同時，避免使用併色窗簾，應選擇米、茶、咖、棕等純色窗簾，再搭配一層紗簾，便能輕易營造自然質樸的氛圍。

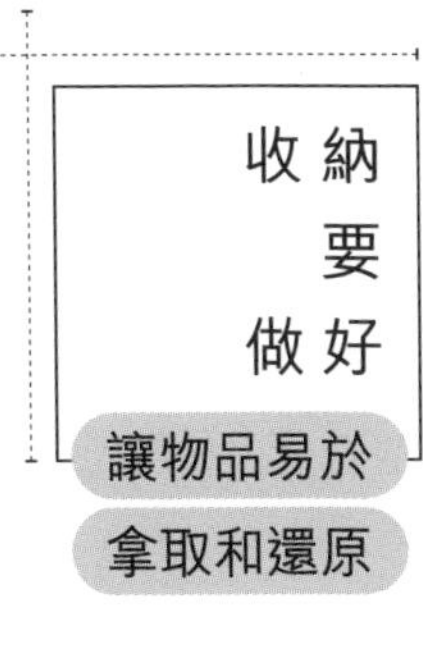

收納要做好

讓物品易於拿取和還原

整潔是日式風格的秘密武器，所以收納一定要做好。每一個空間都像一個有序的展示架，每一個物品都有其位置。收納不是隨意將物品塞進櫃子，而是讓物品易於拿取、易於還原。避免使用華麗的裝飾收納櫃，建議採用能整齊收納物品的訂製櫃，讓整個空間分類清晰，看起來更舒適整潔。

小結

很多人會選擇日系原木風格來裝修新家，期望營造出一個充滿自然氣息和舒適感的空間。若能做到上述幾點，就能避免走進一個常見的日系風陷阱：把家裝修成廉價出租屋的模樣。

讓人想一口咬住的奶油風

走進一間充滿溫暖奶油色的房間，彷彿被柔軟的雲朵包圍着。奶油風是一種近年非常熱門的裝修風格，以柔和的奶油色為主調，搭配極簡白和木色元素，就能營造出簡約而充滿質感的生活空間。

色彩氛圍

介乎於奶白色和奶咖色之間

奶白色
奶咖色

在開始裝修之前，我們要了解奶油色到底是一種甚麼顏色？奶油色是介乎於奶白色和奶咖色之間的色調，其飽和度較低，帶有輕甜感，可以為你的家增添溫暖與舒適感。你可以選擇同一色系但不同深淺作為過渡，或者利用不同色系的搭配，為空間創造相對豐富的視覺效果。比如，好好運用白色與奶咖色，就可以為你的家打造更多層次感！選擇顏色時，記得實地在家中比對效果，切勿只看網上圖片就做決定。

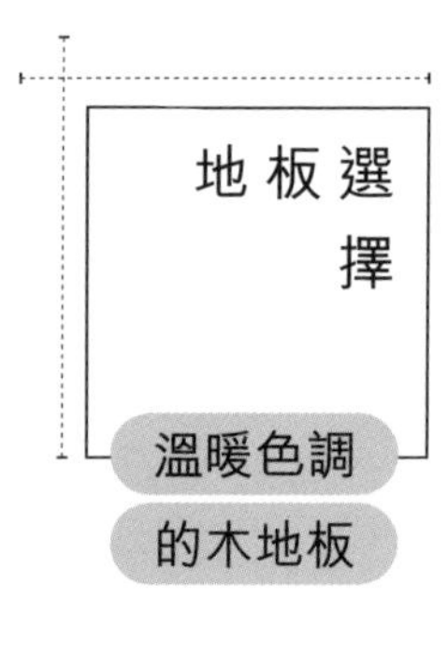

地板選擇

溫暖色調的木地板

地板選擇是營造奶油風格的關鍵。建議選擇溫暖色調的木地板，如奶白色或原木色，避免冷色系的選擇。如果選擇地磚，則以啞光磚或柔光磚為佳，亮面磚則會帶來華麗感覺，或會破壞奶油風整體的簡約自然風。

弧形設計

在奶油風格中，我們要避免稜角分明的設計，應選擇柔和的弧形線條。曲線設計是奶油家居主要特點。例如，牆角可以做成圓弧狀，讓整個空間更加圓潤；門廊也可以選擇弧線造型，既有設計感又不佔用過多空間。

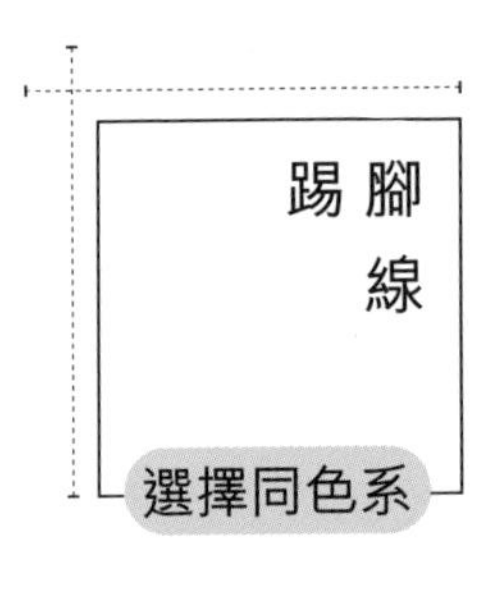

踢腳線（或稱地腳線）在奶油風格中是重要的點綴角色。選擇與整體裝修風格協調的奶咖色，能與家中的裝修風格相互呼應。選擇同色系的踢腳線，讓家中的每個角落都散發出奶油風格的魅力。

家具配搭

追求原生態

奶油風的家具不一定要堅持原木材質，但要追求溫柔的原生態色調。棉麻、絨布、羊羔絨和藤編等材質，為整個空間增添質感；金屬材質則顯得太過剛硬，應盡量避免。

其他家具例如燈具以至抱枕，都可以挑選相應的顏色作搭配，背景牆也可以掛上掛畫，以至地下鋪上地毯，互相呼應，達到和諧的效果。

家居色溫

要營造奶油風的溫馨氛圍，燈光色溫也是非常重要。選擇一個偏暖的色溫，如 3,500K，照出來的光線不會太黃，能避免昏沉的感覺，也有助營造氛圍（通常 6,000K 為白光，4,000K 為中性光，3,000K 為黃光）。

小結

奶油風室內設計，就像一個甜蜜的奶油蛋糕，以自然、和諧的色調營造出一個舒適、治癒的居住空間。沒有過多複雜、搶眼的色彩，只有滿滿的溫暖奶油色，讓整個家充滿了甜蜜與舒適的氛圍。

簡單乾淨、打掃方便的
簡約風

想追求簡單、清爽的居家風格嗎？以下帶大家看看極簡風格的室內設計，不僅時尚，還方便打掃，讓你的居家環境井然有序，讓生活更加輕鬆自在。

在極簡風格的家，空間就是我們的畫布。我們可選擇大面積的留白，避免過度裝飾，這樣能讓你的家在視覺上更寬敞，而且打掃起來也更方便。

收納設計

避免使用開放式櫃子

極簡風格擅長將美學與實用性完美結合。例如，我們可以將玄關設計成一整面收納櫃，讓每樣物品都有屬於它們的「家」；一關櫃門，家就變得整潔乾淨。避免使用開放式的櫃子，否則容易積聚灰塵；而懸浮的收納櫃則可以減輕視覺壓迫感，也能同步做到最大化的儲物空間。

無主燈設計

全屋無主燈設計就像是一場簡單卻不失時尚的時尚秀，毋須擔心燈具積灰或吸引蚊子，打掃起來更加方便。這種設計讓整個空間寬敞明亮，實用而不擁擠。

減少縫隙

選用大板瓷磚和同色填縫劑，可以讓縫隙減少，形成整潔的平面，並降低打掃的難度。

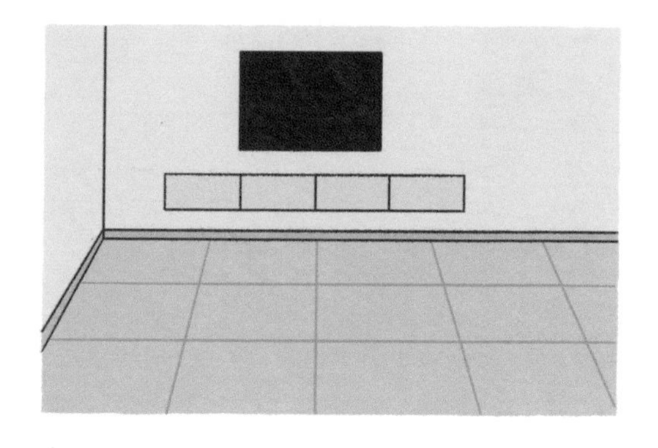

簡約的門框和把手

無邊框門、極窄邊框的玻璃門，以及無把手的隱形門，既時尚又耐看，不會有突兀的感覺。這樣的設計令你的家具更加時尚，還易於維護。

小結

極簡風格的室內設計，就如一首毋須多餘修飾的詩，以其簡單、清爽的風格，為你的生活帶來了舒適和輕鬆。若你想打造一個簡約、實用，並且舒適的居家空間，就選擇簡約風吧！

第一章

玄關

家中最容易被忽略的地方，就是
玄關！在接下來的文章裏，我會帶你
一步一步打造一個符合你生活習慣的
玄關，讓你體驗到家的溫馨與品質的
提升！讓我們一起把玄關變得既美觀
又實用，使之成為家中的亮點！

chapter 01

ENTRYWAY

入戶玄關
就是要這樣設計

玄關是進入家中的第一個空間，也是賦予家的第一印象，絕對不可輕忽。因此，我們需要為玄關注入溫馨舒適的氛圍，讓你的家煥發出生命力。以下，我將為你揭示六大設計秘訣，助你打造眼前一亮的玄關。

安裝掛鉤

想像你的玄關宛如一個微笑的歡迎者，一踏進屋子，他先會讓你好好放下身外物，教你每天下班的疲態瞬間消散。在玄關應避免擺放過多雜物，凌亂四散，建議安裝充足的掛鉤，方便你隨手掛上外套、手提包或口罩。

通頂的玄關櫃

選擇一個「通頂」的玄關櫃，即櫃頂與天花之間完全沒有縫隙，這就像是一個護盾，阻擋灰塵的入侵，避免櫃頂堆積灰塵，保持家中的整潔氣氛。

中櫃小舞台

玄關櫃的中部可留空，作為展示常用物品的小舞台。它能展示你的手袋、小盆栽或裝飾品等日常物品，增添生活氣息。

神秘小抽屜

在雜物平台下方設置小抽屜，作為家中的「藏寶箱」—— 讓鑰匙和不常用的雜物有了合適的安身之地，這樣你的玄關將變得整潔有序。

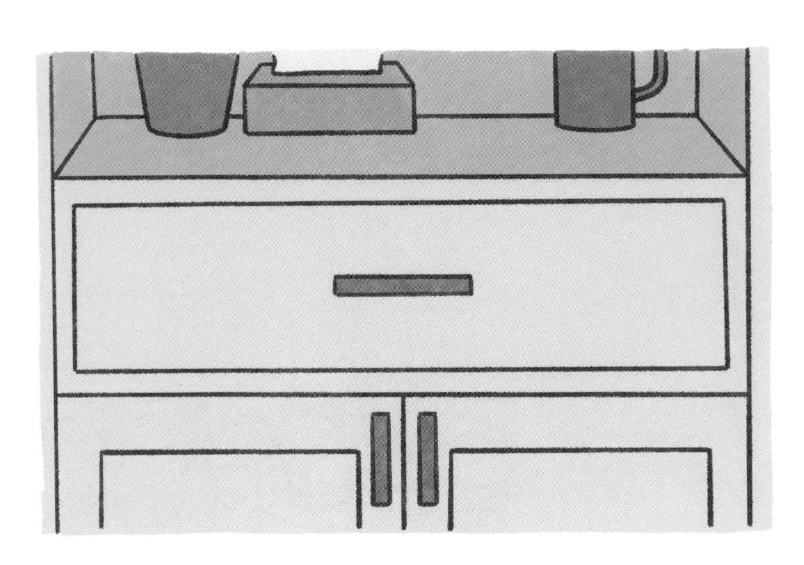

自動感應燈帶

當你靠近時，燈光會自動開啟，為你的玄關增添氣氛，也讓家中這個小角落為你帶來驚喜。

懸空櫃底

玄關櫃底部懸空 18cm，這樣可以方便你放置 4-5 對常用鞋子，換鞋和取鞋都非常方便。

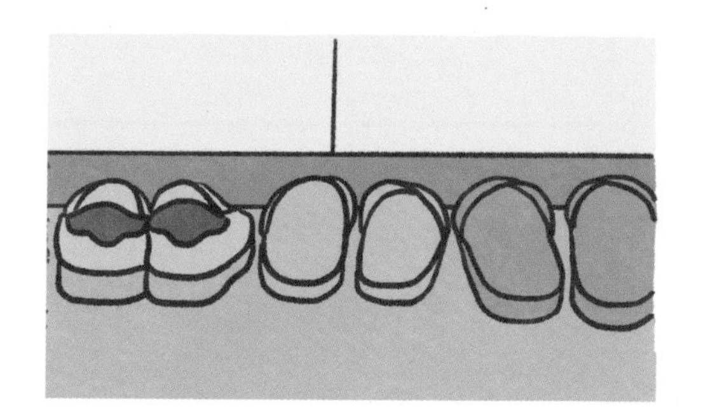

小結

好的玄關設計不僅能提升家居的功能性，還能為生活增添美感和驚喜。上述秘訣希望能幫助你們創造一個整潔和美觀的玄關空間，讓你甫踏進家門就感受到幸福的光芒。

超窄玄關通道
要怎樣設計

經過漫長的一天，你就像疲憊的旅人，滿帶期盼重回溫馨的家。當你滿懷高興打開家門，映入眼簾的卻是帶點凌亂，像一條擁擠小巷的狹窄玄關通道，頓時令你的心情再次變得沮喪。請放心，我將在此揭示一些巧妙的設計技巧，讓你的玄關通道從狹窄變為寬敞，從凌亂變成井井有條。

掛牆洞洞板

臨時掛衣區

首先，你可以考慮設置一個臨時掛衣區。建議安裝一塊「洞洞板」在牆上，節省空間之餘，還可以為玄關增添一些趣味性。這個設計非常實用，不管是家人還是朋友到訪，大家的衣服就不用隨便扔到客廳，影響整體的觀感了。

超薄鞋櫃

由於你的玄關空間非常有限，建議你選擇一個厚度僅為 20cm 的超薄翻門鞋櫃。這種設計讓鞋子不用放平之餘，也方便擺放或拿取，更重要是節省空間，讓玄關更加整潔美觀。

鞋凳鞋櫃一體化

如果你想要更多的儲物空間，可以考慮多添置一張換鞋凳；這種換鞋凳下方為鞋架，屬一體式設計。30cm 深度的換鞋凳，下面有兩排開放式鞋架，最多可以放 12 雙鞋，足夠容納一家人的當季鞋子，便於更換。這樣安排，也不會影響出入。

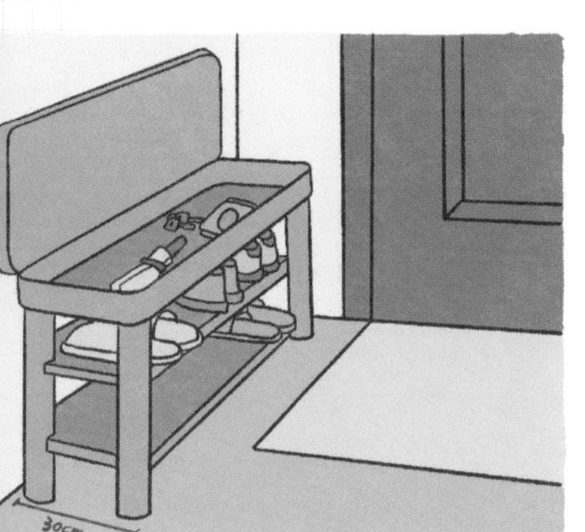

掛牆式換鞋凳

另一個非常實用的設計，就是將可摺疊的換鞋凳固定在牆上，既讓你方便地更換鞋子，又不會佔據通道空間。其承重力可達 90kg，對於一般成年人來說已是完全足夠。

特色掛板

建議在牆上安裝高低不一的多功能掛板，它能滿足各種掛取需求，相較於一般的掛鉤，其可用空間更高，且更美觀。

小結

現在，你已經掌握讓狹窄玄關變得更寬敞更實用的魔法了！在這趟改造之旅中，你將學會如何在有限的空間裏發揮無窮的創造力，讓每一個角落都充滿生活的美好氣息。

女生必要的
玄關配套設計

玄關可說是女生出門前的最後一道「防線」。你可能會問：為甚麼玄關在女生們的心中如此重要？原因很簡單，就如同女星在登上舞台前需要作好充分的準備，女性在出門前也需要一個完美的場所，確保儀容、穿着、配件等無一出現瑕疵。

星光小夜燈

當你踏入家門，它就如同你的引路明燈，照亮你回家的路，讓你不必在黑暗中摸索。尤其在晚間，它就像是你的守護天使，將溫暖和安全感帶回家。

可愛換鞋凳

穿着裙子換鞋的挑戰，所有女生都深有體會。蹲着換鞋不僅辛苦，也容易弄髒鞋子。那麼，何不在玄關留出一個換鞋凳的位置？坐着換鞋不僅能減輕身體負擔，還能保持鞋子的整潔。若換鞋凳有可愛的造型，更能增添愉快心情；美觀與實用並存，何樂而不為？

全身鏡

女性在出門前總喜歡照照鏡子，確保自己的裝束無懈可擊。全身鏡是一個「無得輸」的設計選擇，讓你再也不用擔心出門後才發現忘記整理頭髮或化妝！

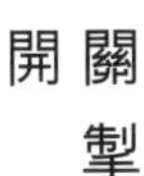

開關掣

控制全屋燈光

試想像十萬火急之際，你已穿好長靴，準備出門，卻突然發現睡房燈還亮着，難道脫下靴子跑進睡房？但也不好穿着靴子直接進去吧？設置一個全屋燈光控制開關在玄關處，一鍵控制整個房子的燈光，讓你出門更放心。

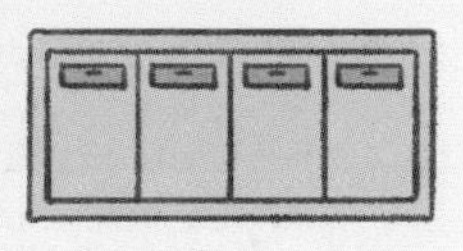

門口地毯

地毯是家的第一印象，好的地毯選擇能為你的家添加溫馨的氣氛。每次換季，都可以更換一款新的地毯，保持玄關的新鮮感。

小結

玄關雖小，但其重要性不可小覷。一個精心設計的玄關能讓日常生活更加便利和舒適。在開始設計新家時，別忘了預留足夠的玄關空間，並充分考慮女生的需求！

鞋櫃設計
注意事項

現在來談談一個看似微不足道，但實際上能讓你的家居生活井然有序的神奇家具 —— 鞋櫃！你可知道，女生等閒擁有十數對或以上的鞋子，喜愛波鞋的男生也是不遑多讓，每一對鞋都是他們的心頭好。如果能夠合理地安排鞋子的存放位置，生活將會變得更美好。

市面上的鞋櫃千篇一律，何不訂製一個既美觀又實用的鞋櫃，讓它融入家中？當你走進家門，看到的是一個充滿個性、滿足你所有需求的鞋櫃，心情是否變得更愉快呢？

了解你的鞋子

設計鞋櫃的過程就像與鞋子建立親密關係。從平底鞋、高跟鞋、運動鞋，到短靴或長靴，每一種鞋子都有其獨特的尺寸和形狀。訂製鞋櫃的最大優勢就是能根據你的鞋子做出最合適的設計。所以，花一點時間去了解你的鞋，為它們劃分專屬的空間。

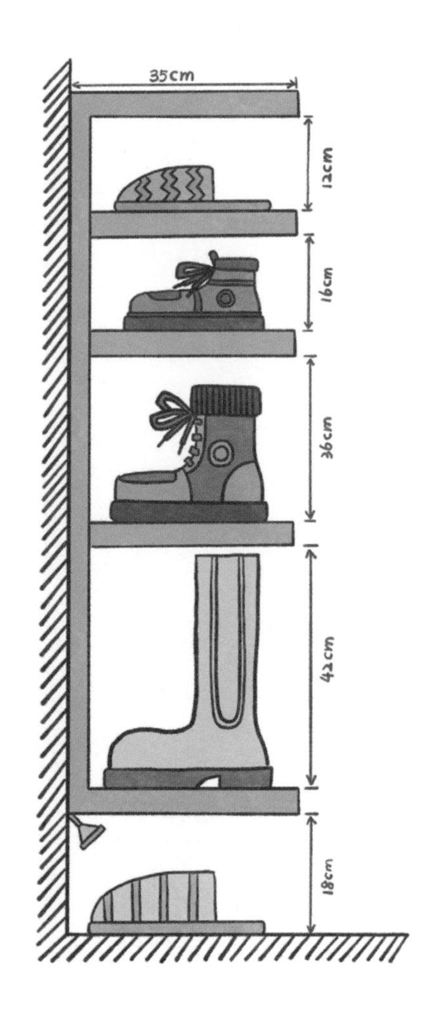

靈活設計

設置活動層板

在設計鞋櫃時，我們需要考慮到每種鞋子的需求。例如，長靴需要更多的垂直空間，而運動鞋則需要更寬敞的橫向空間。活動層板的設計可以讓你隨時調整鞋櫃的空間，無論是涼鞋還是長靴，都能找到合適的位置。

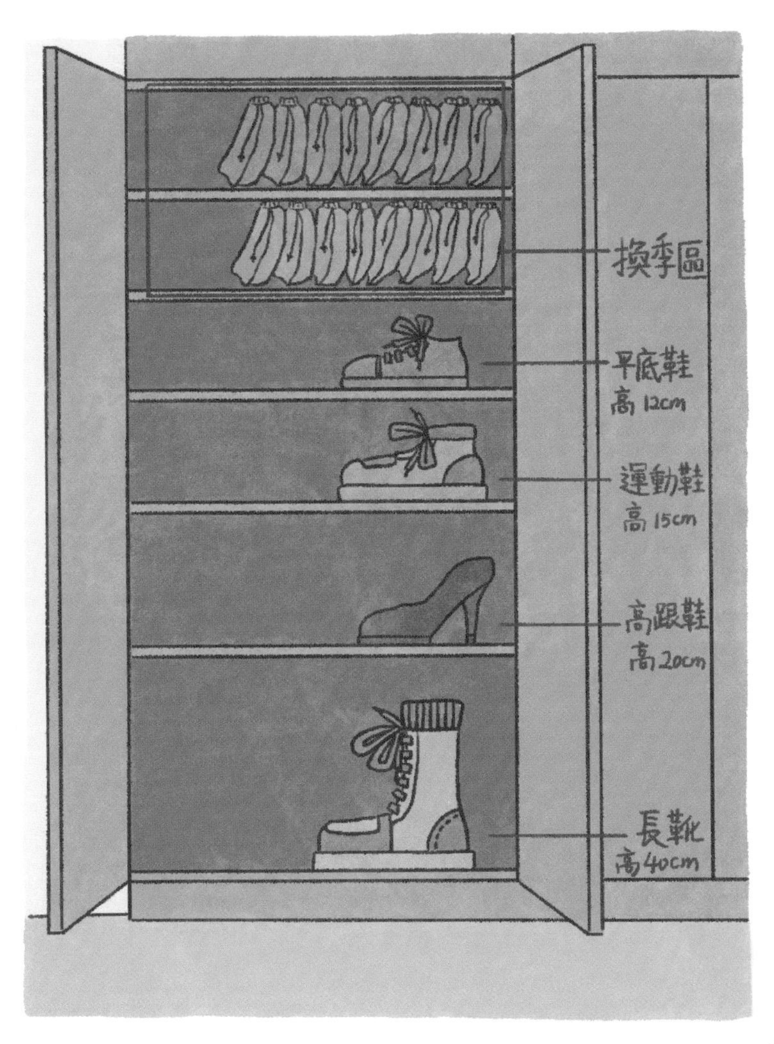

分區收納

就像我們會根據季節來整理衣櫃一樣，鞋櫃也可以進行分區。你可以設定「春夏鞋區」和「秋冬鞋區」，讓你能夠根據季節快速找到合適的鞋子。不同類型的鞋子歸納在不同的層板上，互不干擾，讓鞋櫃保持整潔。

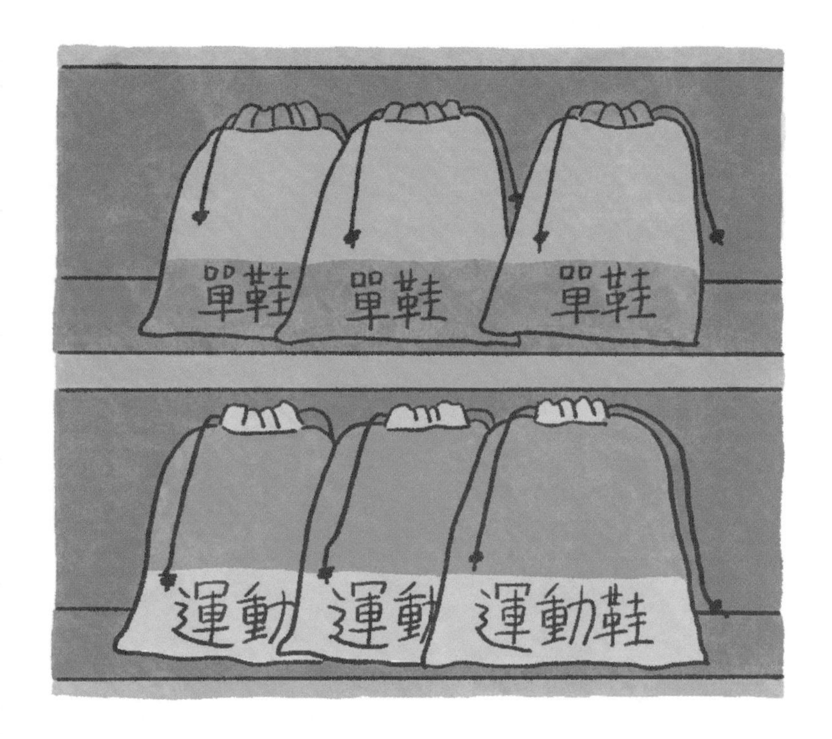

小結

一個精心設計的鞋櫃不僅能讓鞋子得到妥善的保護，也能讓你的家居生活增添風格和格調。不管是華麗的高跟鞋，還是舒適的涼鞋，它們都將在你的鞋櫃中煥發出屬於自己的光芒。

關於日式
下沉玄關那些事

在日劇裏，不同角色踏進家門後，都會說一句：「我回來了！」彷彿立時放下所有煩惱，你知道這背後的秘密嗎？那就是日式下沉式玄關的設置。

想像一下，每天回家都被一種儀式感所包圍，讓你的日常生活充滿了詩意。日式下沉玄關，無疑就是為你的新家增添這種儀式感的絕佳選擇。即使下沉高度只有 1 厘米，也足以打造出一個完美的迷你下沉玄關。

防塵設計

日式下沉玄關的實用性如何？答案是：出乎意料的好用！這個巧妙的小區域有着無數的優點。其中一個就是灰塵大部分都會被阻擋在下沉處，使你的家保持乾淨。分享一下，無論是我自己、家人、朋友，還是裝修工人，甚至偶爾來訪的鄰居，都沒試過在這個小空間裏絆腳的（作者按：如果家裏有老人長住，則可能需要考慮其他設計選擇了）。

儀式感

日式下沉玄關讓每次回家的你都會經歷一趟脱鞋儀式，象徵你已放下外間世界的塵囂，回到舒適和溫暖的安樂窩。另一方面，若是其他訪客，一進門就會感受到脱鞋的氛圍，鞋子也不再亂丟，能快速整齊地放置好。

耐髒材料

在設計上，下沉區可以選擇使用水泥色的微水泥，這樣玄關看起來更耐髒。微水泥具有防水和高硬度的特性，即使長期使用也不需要擔心損壞。而且，它和日式簡約風格非常匹配。

空間分區

自從玄關改成下沉式後，客廳就像穿了一雙「增高鞋墊」，玄關和室內區域自然地分隔開，增加了空間的層次感。這都得益於日式下沉玄關獨特的高度落差設計。

小結

現在你們對日式下沉玄關是否有了更深刻的了解？快去把你的家打造成一個充滿儀式感的日式小天地吧。

教你四個玄關
做屏風方法

屏風是玄關設計的常見元素，通常以木材為主材料，主要用來阻擋室外視線。現在介紹四種讓玄關煥然一新的屏風設置方法！

木條鏤空設計

木條鏤空設計不僅能發揮分區功能，更利於自然光線穿透至玄關，既開放又不失隱蔽功效。木條作為空間隔斷，讓視覺更加集中。隔而不斷，相互借景，這樣的設計讓空間更通透、充滿趣味。當光影穿過格柵，時而柔和，時而唯美，讓你的屏風如同一幅移動的藝術畫作，美觀而實用。

金屬框配長虹玻璃

對於小戶型或開放式單位來說，具有穿透特點的玻璃隔斷能界定空間，而又不阻礙視線。近年來長虹玻璃備受設計師青睞，光影效果令人驚艷；配以金屬材料的邊框，將使你的屏風更加高檔。如果預算允許，建議選擇不銹鋼，避免鐵藝顯得檔次不高。

半牆設計

突顯設計感

半牆設計就是將原本到頂的間隔牆的面積縮減一半，讓光線和空氣得以在不同場域之間流動。保留部分牆身，更能突顯設計感；半堵牆上的空間亦可讓你發揮創意，無論是擺放裝飾品還是安裝玻璃，都能豐富視覺效果。

櫃體間隔設計

對於收納需求強烈的屋主，將部分間隔牆改用櫃體取代，是一舉兩得的好方法。這樣既達到空間分隔的目的，又創造出大量的收納空間，何樂而不為？

小結

以上就是我們為你準備的四種玄關屏風的創新設計，現在，是時候將這些靈感融入到你的家中，讓你的家成為真正的避風港，變得更溫馨、更有愛。

第二章

客廳

客廳是你與家人共享快樂時光的中心，只要花點心思，就可讓你的家變得溫馨舒適，一家人樂也融融！

不論是顏色、採光，以至地板的選擇、電視櫃的設計等，巧妙地讓每種元素融為一體，即教你戀上這個家，樂而忘「出」！

chapter 02

LIVING ROOM

空間的配色
不宜超過三種

家就像一幅畫布，而調色盤就在你手上。想要繪製一個和諧的空間，選擇相近或相似的色彩是關鍵。請記住這個黃金法則：在同一空間中，色彩的數量最好不要超過三種，尤其在客廳，這是一家人經常聚在一起，最多互動的地方。現在，讓我們一起來深入解析這個「三色原則」。

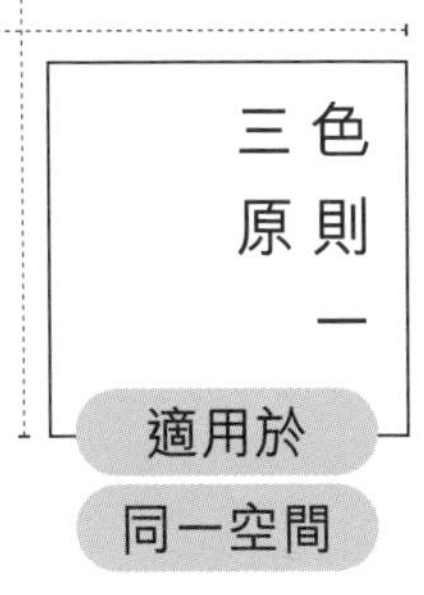

三色原則一 適用於同一空間

「三色原則」適用於在同一個封閉的空間中，在這空間裏，包括天花板、牆面、地板以及家具的顏色都要奉行一致的「三色原則」。例如客廳和飯廳是開放式設計，那麼就應將其視為同一個空間，它們的色彩數量最好不要超過三種；但客廳和主臥室是各自分隔的，所以可以有各自獨立的色彩搭配。

三色原則二

金、銀色等可豁免

白色、黑色、灰色、金色和銀色並不在這三色之列。金色和銀色可以與任何顏色搭配，但要注意，金和銀最好選擇其一，避免同時出現在同一空間。

三色原則三

判斷主要顏色

要判斷空間中的主要顏色，最簡單的方法就是眯起眼睛來看，主要的色調便會浮現眼前。如果浮現眼前的單一顏色區域特別大，我們就將其視為一種顏色。大面積使用的顏色應選擇柔和的色調，而小面積使用的顏色可以適度提高明度和純度。

三色原則四
淺色的天花板

如果你的家樓高不高，可以透過使用淺色的天花板以及深色的地板及家具來增加視覺空間感。淺色會給人一種升高的感覺，而深色則讓人感覺空間更為寬廣。

小結

色彩的世界深奧而有趣。不再只是單調的白色牆面，我們可以從簡單的色彩選擇開始探索。作為新手，你可以選擇類似的顏色，即是從同一色系中選擇不同深淺的色調，例如，藍色和深藍色、白色和灰色等，都是安全的搭配選擇。

採光不足的
四個補救方法

城市裏的陽光太過珍貴，選到朝向不佳的房子似乎成了無解的困境。但別擔心，解決採光不足的問題，就像在陰雨天找到一縷陽光一樣。讓我們一起來看看幾個採光不足的補救方法，讓你的家充滿溫暖！

白色為主

建議使用小白磚、白色系大理石和原木色地磚等材質。窗簾選擇白色紗簾，讓光線柔和地灑進室內。正如日本這個人均住宅面積較小的國家，他們就是靠淺原木色和白色相互搭配，營造出溫暖、素雅的氛圍，並提升光線充足的感覺。

增加照明

陽光不足，何不用人造光來彌補呢？不過，不建議使用大型頂燈，因為它會壓縮樓高。取而代之，我們可以選擇燈帶、筒燈、射燈和落地燈等分散照明區域的燈具，既省錢又能營造出有層次感和格調的空間。

魔法鏡子

鏡子是一個充滿魔力的物件，它不僅能讓你看到自己的倒影，還能夠為你的家帶來光明。將鏡子作為裝飾元素，利用鏡面創造虛擬空間，將光線「折射」進你的家。例如在玄關、角落、牆面轉折處安放一些狹長鏡面，就像是打開一個光明的通道，讓光線充分反射，視覺上放大空間，同時增加室內光線。

透光間隔

將光線想像成溪水，讓它在各個房間之間流動。我們可以通過使用打通的空間設計，如矮牆、柵欄、落地窗、玻璃隔斷或室內窗等等，將光線引入與客廳相連的各個角落。無論是睡房、餐廳、露台、廚房還是書房，讓光線在空間裏穿梭自如，為你的家營造明亮透氣的氛圍。

小結

面對城市中日益普遍的小戶型和小黑屋，採光不足似乎成了讓人無法逃避的困擾。然而，通過以上的補救方法，你將能夠有效地改善房子採光問題，讓光線成為你家中不可或缺的成員。

地板翻新
用木紋磚的優點

對於渴望擁有一個溫馨的家的你來説，木地板可能是首選的材料。然而當面臨潮濕天氣、容易產生刮痕，以及保養困難的問題時，你可能會感到猶豫。在這種情況下，木紋磚可能是你的救星。木紋磚不僅繼承了木地板的溫馨感，還具有抗刮擦、耐撞擊、防水污染的優點。現在，就讓我們一起來探索木紋磚的魅力吧！

顏值高

木紋磚的美觀度絕對不輸給木地板。無論你選擇的是原木風格或是日系風格，一旦鋪設，都能立即帶來驚人的效果。

耐污
並易於
清理

木紋磚的表面具有很強的抗污性能。即使一個星期不清潔，你的家依然可以保持整潔。只需要用吸塵機輕輕一吸，木紋磚的表面就不會留下污漬。而且，在清潔地板時，你也不需要花費太多力氣。濕滑的地面也不會太滑，而且能夠快速回復乾爽。

耐用性

雖然不能保證木紋磚能抵擋所有撞擊，但如果有重物掉落，它也能夠抵擋住。在搬運大件家具的過程中，只要稍加注意，就可以避免磨損。

選購木紋磚的建議

觀看實物

別完全相信照片和小樣辦，要親眼看一遍整塊磚的實物，最好在自然光或與家中色溫差不多的環境下觀察。要看大面積的效果，而不是只看一塊磚就做決定；最好能多塊磚放在一起，以便觀察和作決定。

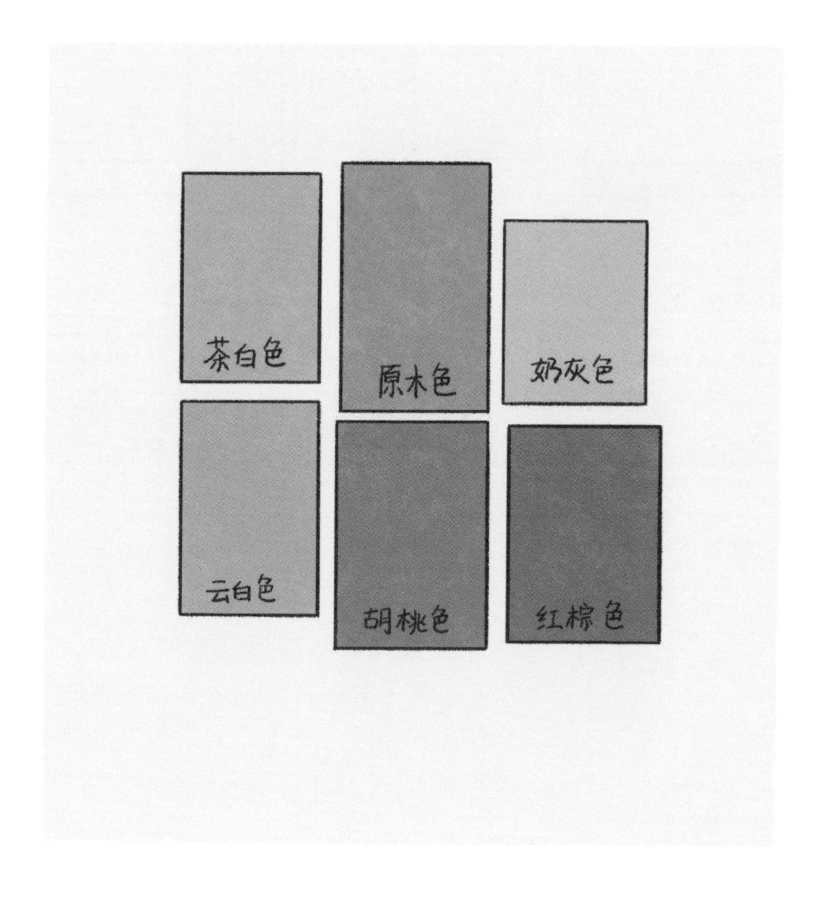

平整度

由於木紋磚較長，可能會出現高低不平整的情況。如果有人承諾能保證完全平整，那麼他可能只是信口雌黃。一般來說，如果平整度能控制在 3mm 內就已經足夠。當然，安裝人員的技術也很重要，所以進行安裝時，最好使用水平儀確保磚的平整度。

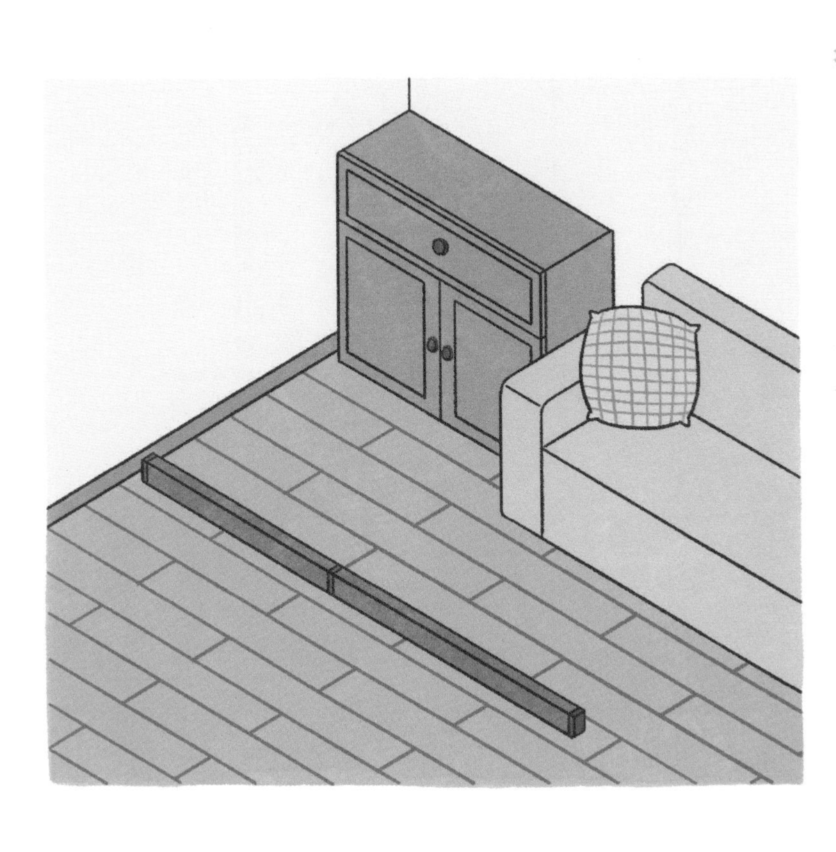

全屋通鋪

建議直接全屋鋪設木紋磚，避免使用門檻石，這樣能夠統一視覺效果，使空間感更強。選擇整個房子最長的位置作為起始點，不太好看或有瑕疵的磚，可以鋪在櫃下或床底等不顯眼的地方。

小結

如果你喜歡木地板的感覺，木紋磚是值得考慮的選擇。建議臥室也可以選擇與木地板顏色相似的木紋磚，這樣，你的家就可以變得更加溫馨舒適，而且還可以節省你選購地板時的時間和精力！

教你設計
合適自己的電視櫃

隨着家庭成員的擴展，你可能發現客廳變得越來越雜亂。在這種情況下，一個滿牆的電視櫃就像是魔法寶盒，能夠巧妙地將所有東西收納起來，讓你的客廳在瞬間恢復整潔的狀態。以下介紹一些設計電視櫃的實用技巧。

櫃門材質

藏與露的設計

選擇櫃門材質時，不必局限於傳統的玻璃門。即使將所有物品整齊地收納起來，但透過玻璃門看見內裏的物品，仍然可能給人一種凌亂的感覺。建議選擇部分開放式的設計，讓櫃子既有神秘的藏身之處，又有展示自我風格的舞台。這種藏與露的設計，能在視覺上達到一種平衡，讓人感覺舒適自在。

隱形櫃門把手

忘掉那些突兀的櫃門把手吧，它們很容易讓人意外撞到。選擇隱藏式的斜切 45 度邊拉手，它們不僅風格簡潔，而且還能省下購買櫃門把手的費用。

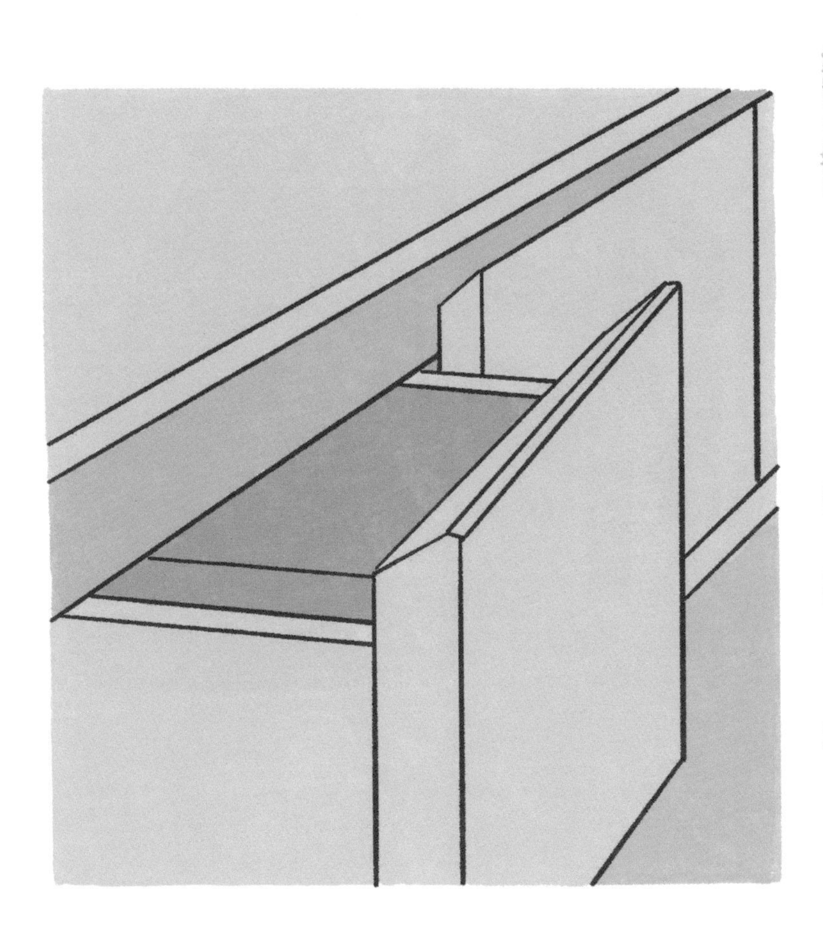

合適的電視掛架

由於電視櫃的背板需要承受電視和支架的重量，因此需要用膨脹螺絲將它固定在牆上。選擇一個可以拉伸和旋轉的支架，就可以在任何角度欣賞您的電視節目，享受一種無拘無束的視覺體驗。

隱藏電源插座

把插座設置在電視的後方，讓電視自然地遮住一堆線材，這樣看起來就會更整潔。在設計電視區域時，也可以在背板上預留一個電視線的走線孔，這樣就能避免電線外露，讓客廳看起來更清爽，不再受到雜亂的困擾。

小結

電視櫃對家庭的重要性是顯而易見的。它是客廳的焦點，是你與家人共享快樂時光的中心。一個設計巧妙的電視櫃，不僅可以讓您的生活更加方便，還可以提升生活品味，為家營造出一種溫馨且美好的氛圍。

第三章

廚房

你是否曾經為狹小、採光不佳的封閉式廚房（即「梗廚」）而煩惱？如果你渴望改變，那就大膽地開始改造吧！拆掉非承重牆，移動門的位置，或許還能添置一個時尚的吧台（中島 / 島台）！

在接下來的文章裏，將帶你走進一個自由自在的空間，讓你你盡情享受烹飪的樂趣！

chapter 03

KITCHEN

人人都想有個
開放式廚房

開放式廚房的設計能讓你生活的空間感無窮擴大，開闊視野，不再有壓抑感。當你在烹飪時，可以與身處客廳的家人或朋友談天說地，一起享受融洽的氣氛。

採光的魅力

開放式廚房最讓人心動的就是它的通透感。傳統的廚房往往只有一個方向能有窗戶，但開放式廚房卻能讓更多的光線直射進來，這使得採光效果大大提升。試想一下這畫面：在充滿陽光的廚房裏，你與另一半共同烹飪，是不是已經感到無比溫馨與美好？

U型廚房
不再面壁

開放式廚房的一大特色就是可以設置中島（或吧台）。部分戶型的廚房雖然可能已是開放式設計，卻是一字型的靠牆設計，當你做飯時就只能「面壁」了；若將原有的一字型廚房改造為 U 形設計，將為家庭生活營造更多的互動機會。當你在做飯時，你可以和家人（或訪客）繼續聊天，不會再有他們在客廳或飯廳玩得興高采烈，而自己則在廚房裏孤軍奮戰的情景出現；而且，這樣的設計能讓你在烹飪過程中有更大的操作空間，即使大宴親朋也是綽綽有餘；你更可在吧台上放置一台全自動咖啡機，在這裏享受悠閒的午後時光。

吧台尺寸與安排

為了滿足日常需求，你可以將吧台的寬度設計在 60cm 以上，並將吧台的高度設置在 105cm，搭配 75cm 高的吧台椅就剛剛好了。

小結

上述的調整將為你的廚房增加更多收納空間和台面使用區域，更重要是讓你的廚房與玄關、客廳相連，視覺空間瞬間變得更寬闊和通透。在這樣的環境下，烹飪不再是一個枯燥的過程，而是充滿溫馨和樂趣的美好時光。

開放式廚房
如何避免油煙

開放式廚房 * 以其時尚設計和寬闊視野，已成為現代家居設計的重要元素，然而如何在享受開放式廚房帶來的優雅烹飪體驗，同時有效地避免油煙問題呢？

* 根據《2011 年建築物消防安全守則（2023 年 6 月修訂版）》，並無規定開放式廚房要使用無火煮食，只要將煮食爐安裝於配備可打開的窗戶及設有相關防火設施的空間，即可採用明火煮食。
(留意把梗廚改裝成開放式廚房，須向屋宇署入則申請，並要有足夠的消防設備，例如消防花灑頭、煙霧感應器及耐火牆等。)

折疊窗

開放式廚房不一定要拆掉整堵牆，改裝「上翻式折疊窗」正是透光透氣的好選擇，能讓你的廚房充滿陽光和新鮮空氣！折疊窗的高度可自由調節，絲毫不用擔心碰到頭部。烹飪時關閉折疊窗，徹底阻隔油煙；烹飪後，打開折疊窗，讓室內空氣流通。

玻璃推拉門

擴闊門框位置，以玻璃推拉門（又稱：趟門）作為廚房與客廳的阻隔，隔油不隔光。平時，將門收攏在兩邊，不佔空間。煮飯時，關上玻璃門，隔絕油煙卻仍保持通透採光。這樣既能達到開放式廚房的效果，又能避免油煙。

抽油煙機

選擇一款大功率的抽油煙機，讓油煙無處藏身。切記如果你的廚房安裝了玻璃門，記得要在門或窗上留下通風口（如通風板或百葉窗），這樣抽油煙機就能順暢運轉，並且降低噪音，讓你享受寧靜的烹飪時光。

保持清潔

開放式廚房是你對外展示生活品味和生活態度的窗口，儘管有上述設計和佈局，但別忘記要勤勞地打掃，讓你的廚房始終保持乾淨清爽，不會處處都是油煙污漬！這樣你就能充分體驗開放式廚房帶來的便利和舒適。

小結

適當的設計和良好的習慣可以讓你在享受開放式廚房的便利和美感的同時，有效地避免油煙問題。讓我們一起開創一個無煙、健康、舒適的烹飪空間吧！

四大收納法則
讓廚房井然有序

廚房不僅僅是烹飪的地方，更是生活的舞台。然而如何在煙火與燈火交錯的空間裏，建立出一個有條理的秩序呢？讓我們揭開這四大收納法則。

物件擺放原則

上輕

高處不勝寒，通常要在廚房吊櫃拿取物件都不大方便，是以吊櫃內適合存放使用率較低的物品，如紅酒玻璃杯，以及一些貯備用的糧食，例如罐頭等。

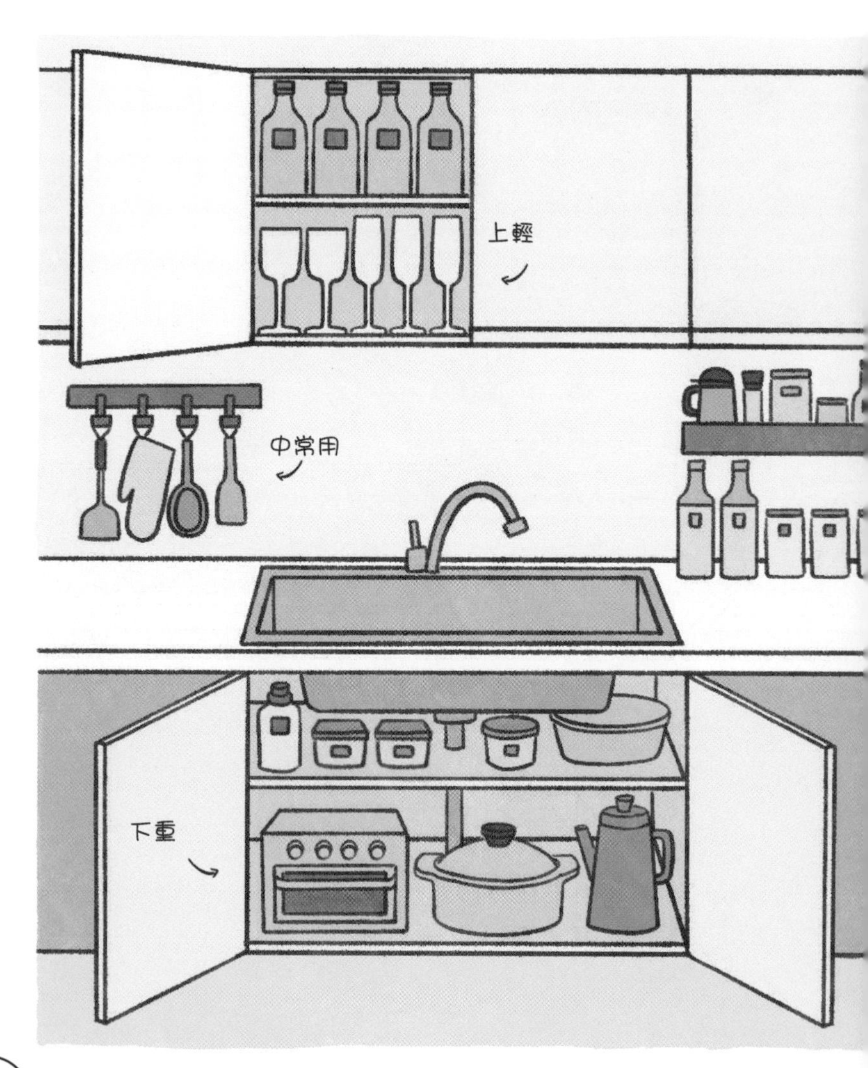

下重

地櫃是重物的最佳去處，適合放置油、米等重物。地櫃還可以裝上拉籃，要用的時候拉出來，所有物品一目了然。

中常用

指的是台面；台面是廚房的主戰場，應放置日常經常使用的烹煮工具，如廚具、調味料等。

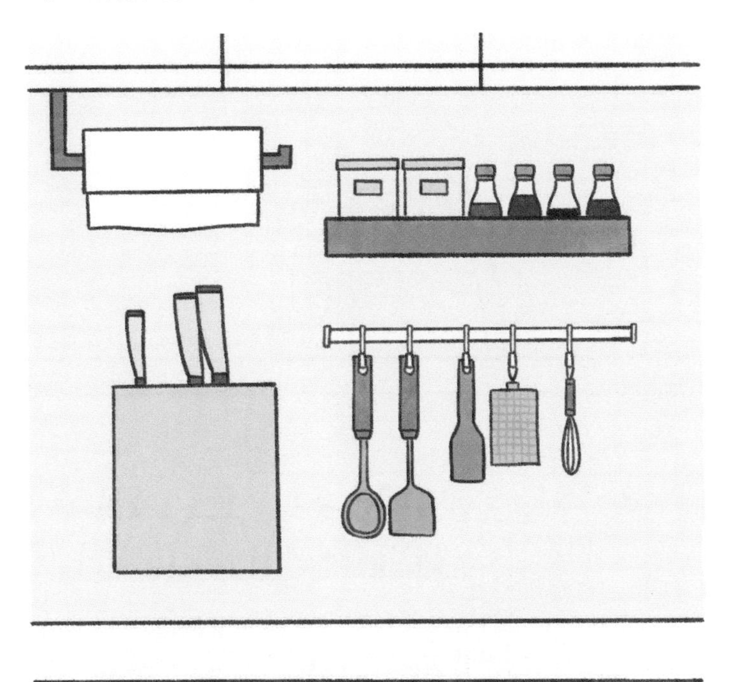

善用牆面

巧妙運用牆壁與吊櫃下方的空間，能掛牆的就不放台面，能免打孔的就不要破壞牆體。選擇免打孔的收納架，讓小物件有了家，也使得台面更井然有序。

充分利用水槽下的空間

水槽下的空間如同隱藏的寶庫，遠比你想像中大，尤其適合放置大件物品如鍋具等；內裏添置收納架或分層架，讓這個隱藏空間發揮最大的效用。

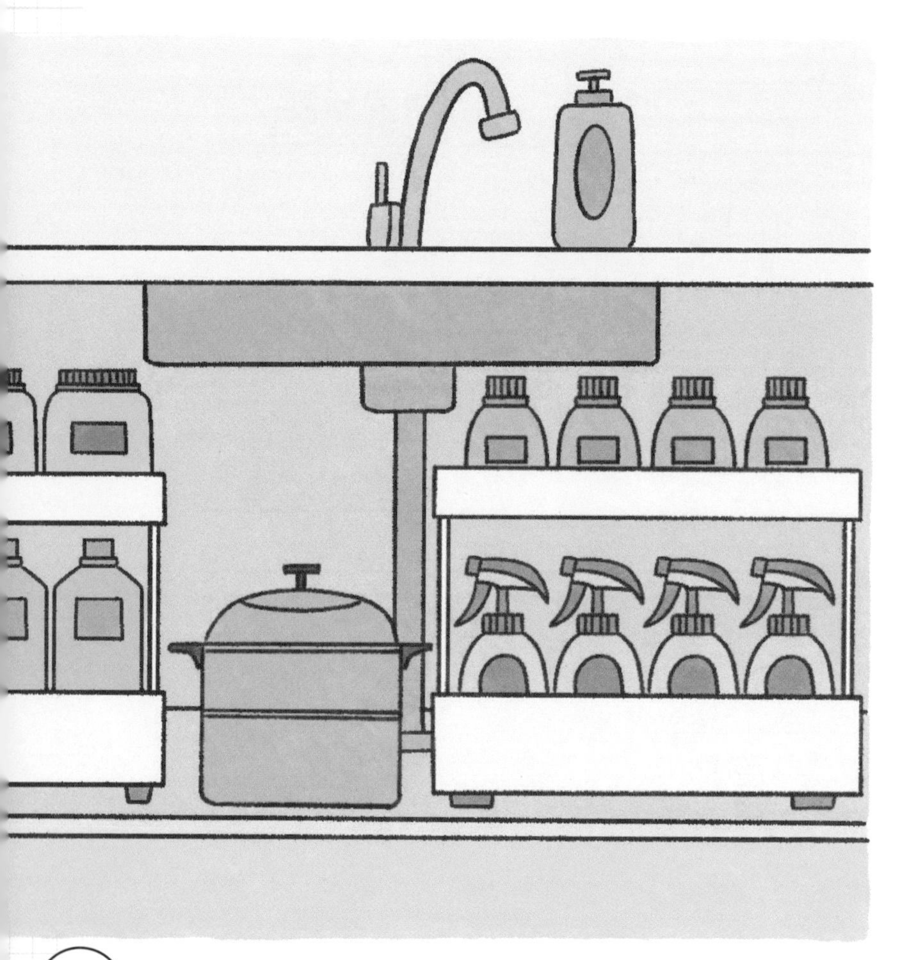

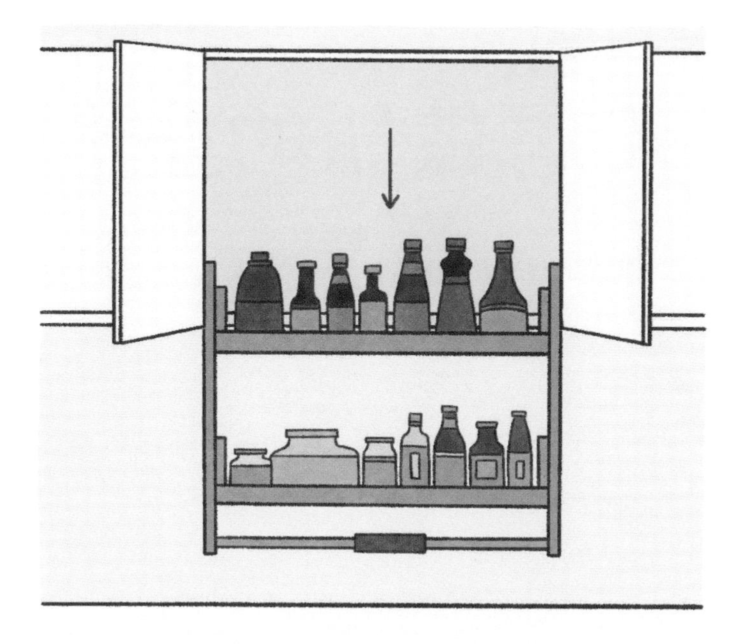

選擇可調節與可懸掛的收納設計

選擇可調節的收納設計，比如活動層板、碗盤收納架，這樣可以根據鍋具的高度、碗盤的尺寸自由調節高低。此外，建議選擇做推拉式的收納櫃，擺放調味料等，拿取很方便。

小結

這四大收納法則讓你的廚房瞬間變得井然有序，煮飯後稍作收拾就能展現出一種美的秩序感。在這個充滿煙火氣息的地方，讓愛與溫馨的生活氛圍自然流淌。

設計一個
令人想做飯的空間

我知道廚房裝修絕對是最讓人煩惱的一個環節。不過別擔心，我們一起來輕鬆應對吧！

首先，讓我們來看看大家最常問的幾個問題：

· 廚房台面材質？
· 中西廚如何結合？
· 是否需要防水？
· 收納空間如何等等……

其實，還有一些更重要的問題需要你們重視！

我想告訴你們一個簡單的道理：要讓廚房變得高效，關鍵在於佈局。一個好看又實用的廚房，不僅能提升幸福感，還能讓你們更願意下廚做飯。所以，先好好考慮佈局，然後就有合適的烹飪方式和生活方式。

廚房佈局

選擇最適合自己的型態

廚房佈局有四種基本型態：一字型、L型、U型和島台型。你們可以根據空間大小和形狀來選擇最適合的佈局，以好好配合做飯流程，即：取→洗→加工→炒（煮）→盛。

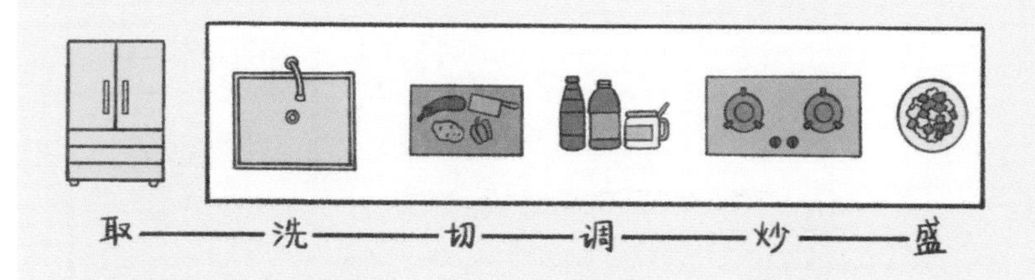

一字型佈局

這種佈局將廚房沿着一條直線排列，特別適合小型戶。讓你的廚房空間變得開闊，所有東西都在你的視線範圍內，一切都變得如此便利。

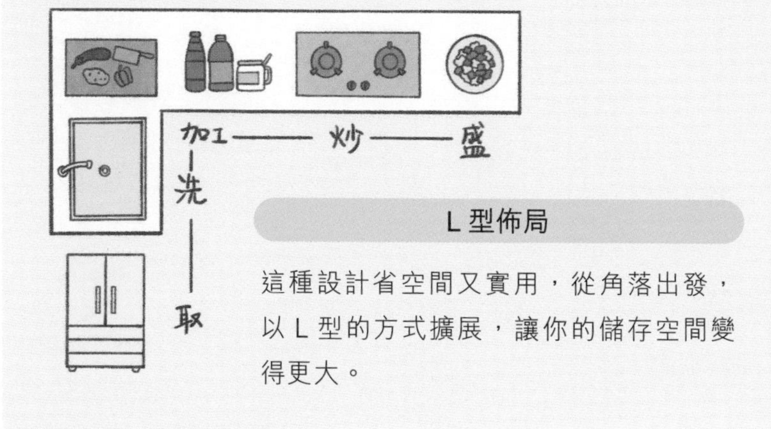

L型佈局

這種設計省空間又實用，從角落出發，以L型的方式擴展，讓你的儲存空間變得更大。

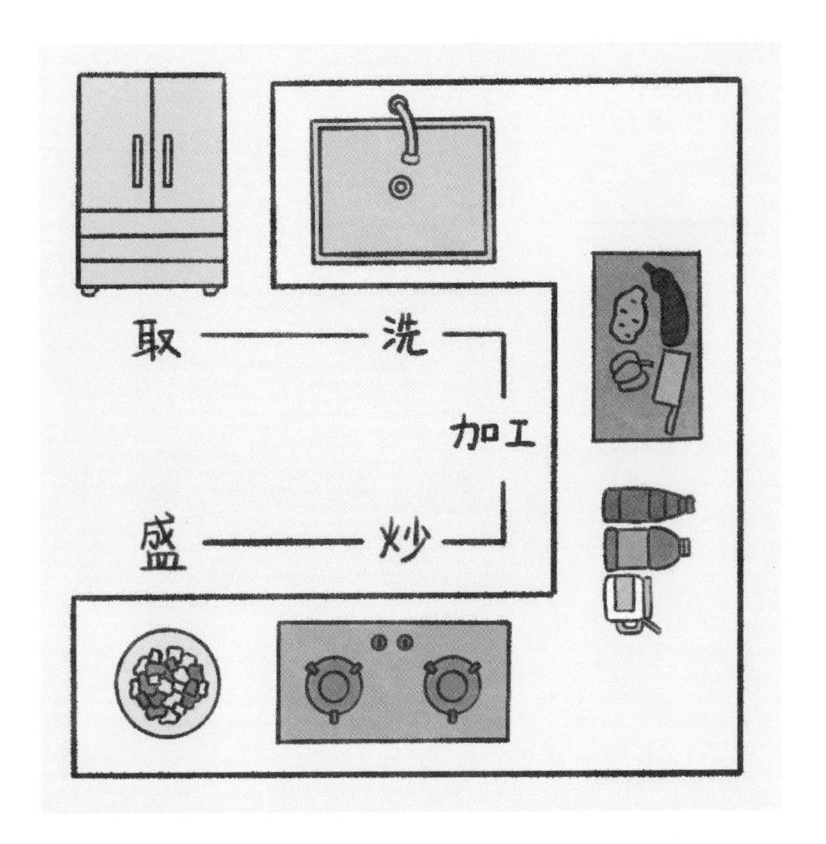

U 型佈局

這是在 L 型基礎上，再加上一個長邊的台面。適合廚房寬度超過 2 米的空間。如果空間過小，則 U 型佈局可能會讓空間顯得擁擠。

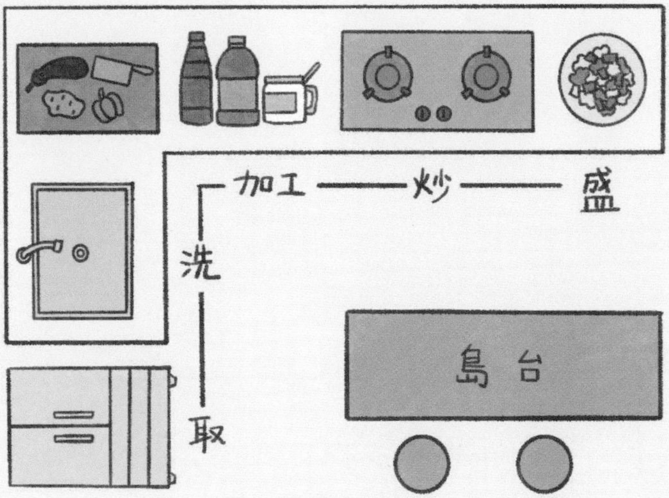

島台型佈局

這是開放式廚房的最佳選擇。在廚房中心設置一個獨立的島台，可以作為烹飪和用餐的地方。建議使用超大吸力抽油煙機，以減少油煙。這樣的廚房，讓你煮飯時可以和家人朋友互動，增加樂趣。

廚房動線

好的廚房動線設計就像是精心編排的舞蹈，讓每一步都有節奏感，讓廚房成為你的舞台。合理的佈局能讓你在儲存、洗菜、切菜、炒菜、上菜這些環節之間，如同在舞台上輕盈舞動。

洗菜區

水槽到牆邊的距離應保持在40cm或以上，這樣你就有足夠的空間放置洗菜的架子。在一個寬敞的水槽裏清洗食材，你會發現洗菜也可以是一種享受，是一種預備烹飪前的樂趣。

切菜區

切菜區至少需要60cm的空間，以便放置砧板、菜刀和其他切菜工具。這裏是廚房中最繁忙的區域，你需要足夠寬闊的空間，在這裏大展廚藝。

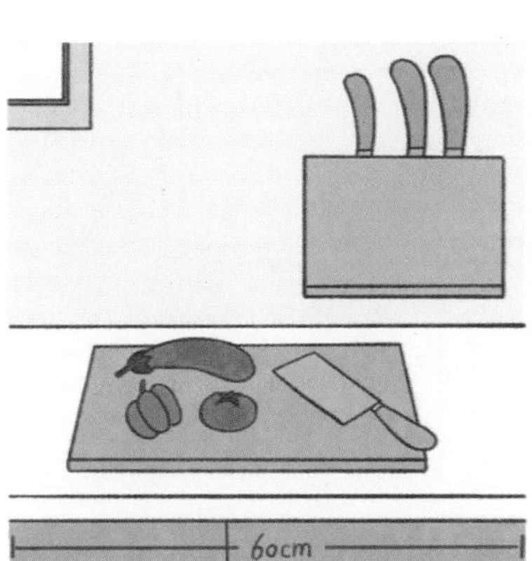

承盤區

爐頭到牆邊的距離應為40cm或以上，讓你有足夠的空間放置熱騰騰的菜餚。當你烹調出一道美味佳餚，只需輕鬆裝盤，即可將美食送上餐桌。

量身訂做的台面高度

台面高度的選擇直接影響着你在廚房的舒適度。一個太高或太矮的台面都會導致你在烹飪時感到疲勞。因此，要選擇最適合你的台面高度。

炒菜區台面高度

這是用於炒菜、切菜等主要烹飪活動的區域。為了確保你在這裏工作時感到舒適，我們建議將台面高度設計為「身高的一半再加 5cm」。這個高度能讓你在烹飪時保持舒適自然的姿勢，減少疲勞。

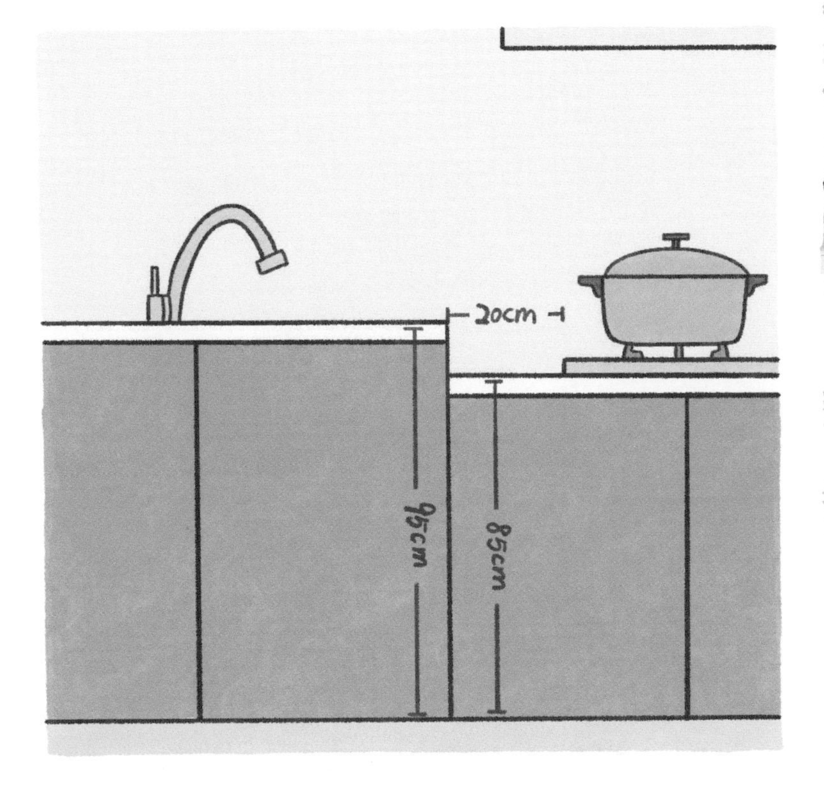

水槽區台面高度

這是用於洗菜、洗碗等活動的區域。為了讓你在清洗食物時不用過多地彎腰，可以將水槽區的台面高度設計為「操作區高度再加 5~10cm」。例如，如果炒菜區台面高度為 85cm，那麼水槽區台面的理想高度為 90cm 至 95cm。這樣你就可以在一個舒適的高度上進行洗滌工作。

櫥櫃
規劃

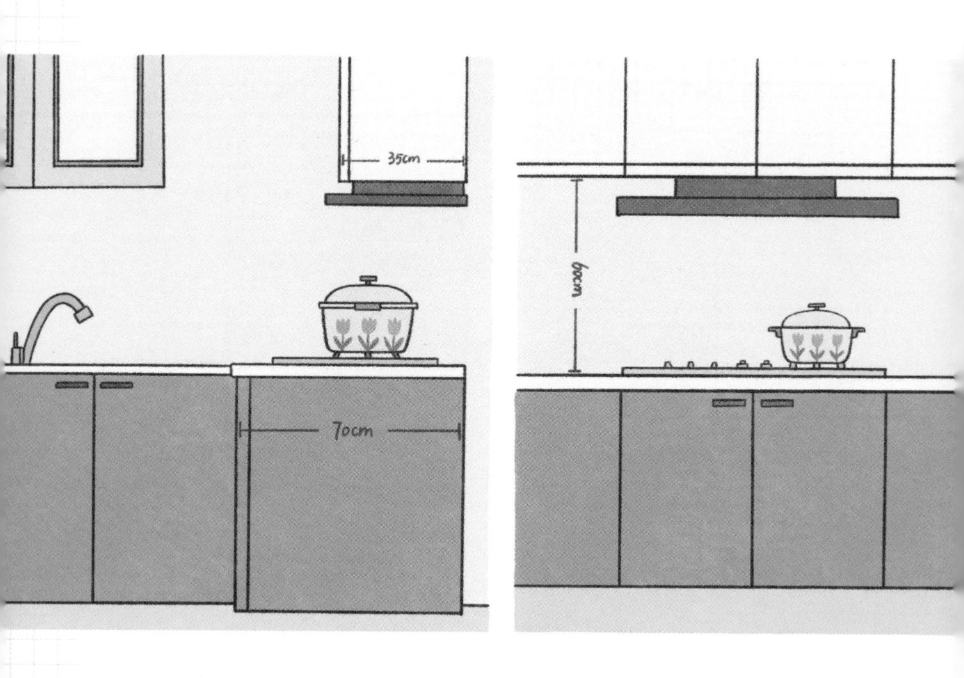

合適尺寸

合適的櫥櫃深度能讓你有足夠的空間儲存廚具和鍋具。建議地櫃深度為 70cm，吊櫃深度則為 30-35cm。這樣的設計能讓你在廚房中輕鬆地取出所需的用具。地櫃和吊櫃之間的距離一般保持在 60cm，保持這個安全距離，你也不會撞頭。

封板至頂

為了保護吊櫃免受油煙侵害，建議使用封板，將吊櫃密封至頂部。這樣不僅可以保護你的櫥櫃，還能讓清潔工作變得更輕鬆。

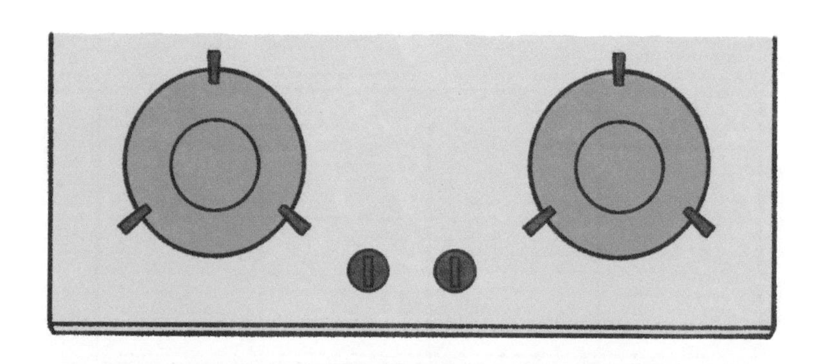

讓櫥櫃更具實用性

在設計櫥櫃時，我們建議增設更多抽屜，這樣可以大大提高櫃體空間的使用率。與平開式櫃門相比，抽屜更加實用，能方便你拿取櫃子深處的物品。

廚房燈光

燈光不僅可以營造氛圍，還能確保你在切菜、炒菜時能看得清楚。所以，別忘了台面輔助燈的設計。考慮在吊櫃底部預留嵌入式感應燈帶。這樣，即使背光，你在切菜備菜時也有充足光線。燈帶還能為你的廚房帶來柔和的光線，讓整個空間變得溫馨。

家電的巧妙規劃

當我們開始規劃廚房時，一開始就要考慮好要放置哪些家電。想像一下，你很想買一個豪華烤箱，卻發現廚房裏根本沒有適合的位置擺放，那一定讓人十分沮喪！所以，我們要先想好需要哪些家電，如雪櫃、嵌入式烤箱、洗碗機、淨水器、熱水器、垃圾桶、飲水機等等。在規劃櫥櫃時，事先確定家電的具體型號，這樣師傅才能根據家電的尺寸，為它們量身打造一個合適的位置。當你的嵌入式烤箱和雪櫃完美融入櫥櫃裏，你會為你的廚房變得如此整潔與和諧而自豪。

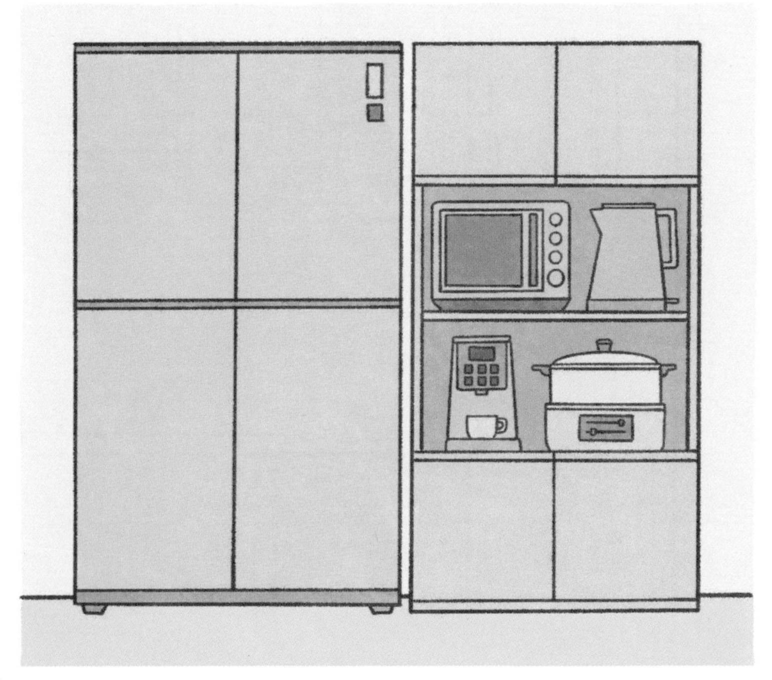

插座的合理配置

你可能會覺得 10 個插座已足夠了，但其實在廚房裏這還不算多。為甚麼呢？因為除了固定電器的插座，你還需要給台面上的小家電預留 7~8 個插座。畢竟，沒有足夠的插座，你的榨汁機、咖啡機和烤麵包機就無法同時發揮作用了！

此外，安裝帶開關的插座是一個好選擇，因為它們能讓你更方便地控制電器的開關。對於大功率電器，如洗碗機，記得要單獨接線。同樣地，為雪櫃設計單獨的開關控制，這樣可以避免影響廚房的總線路開關。

最後，切記插座不能離灶具和水槽太近！為了保證安全，需要避免將水濺到插座上，避免造成潛在的危險。在你的廚房裏，每一個插座都有其存在的意義和價值，每一個細節都要考慮到。

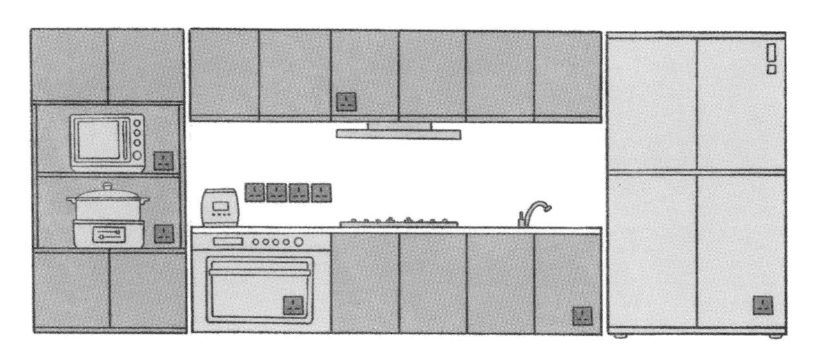

小結

聰明的選擇和精心的規劃將使你們的廚房變得更加美觀和高效。不僅如此，當你們在這樣一個完美的空間裏烹飪美食時，也會更樂於下廚。所以，從現在開始，讓我們一起運用設計廚房的秘訣，讓你的家成為最令人羨慕的美食天堂！

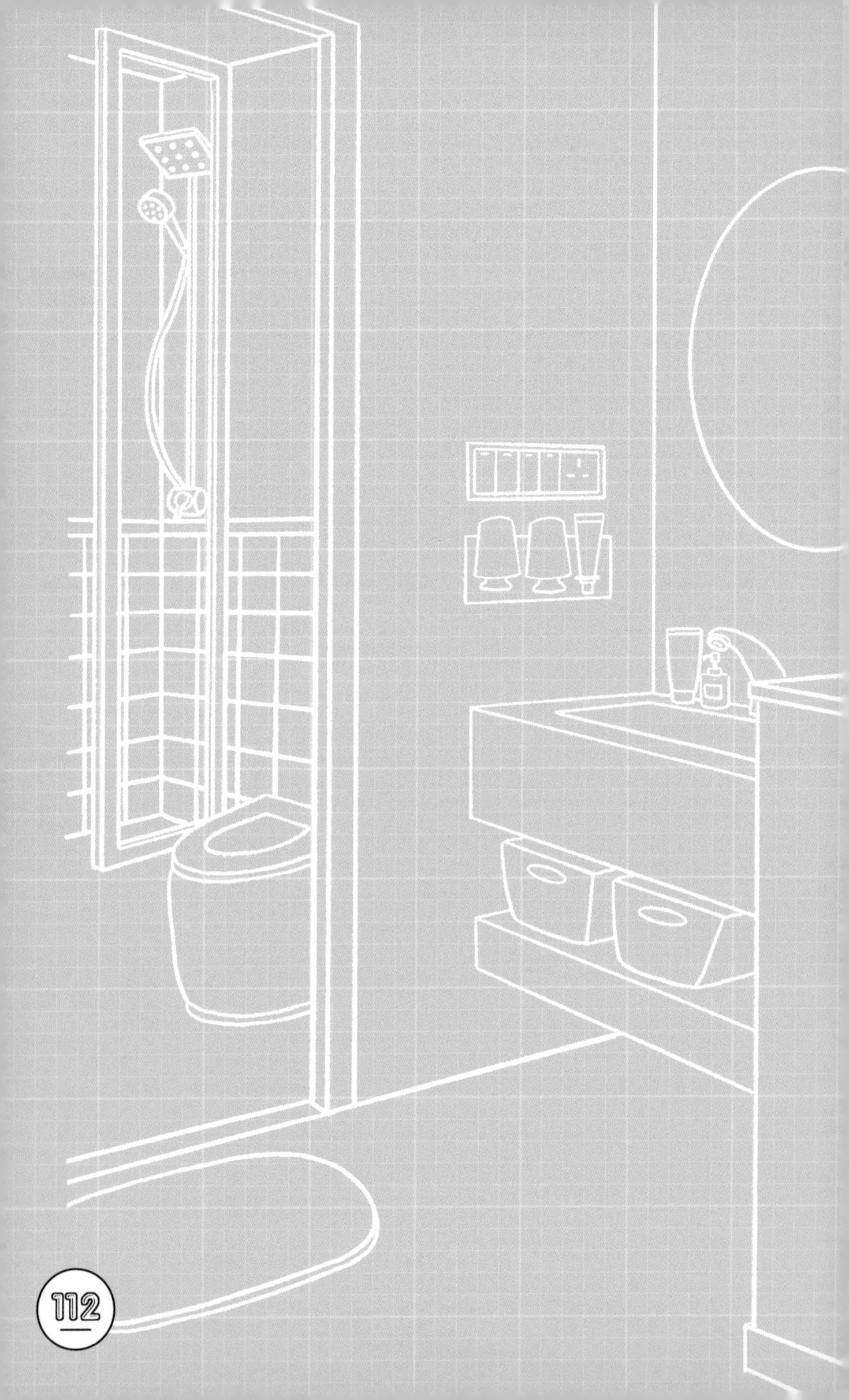

第四章

浴室

浴室不僅是洗滌身心的地方，更是生活品味和個性的寫照。家中浴室往往空間有限，如何在有限的空間中，營造出一個舒適的沐浴天地？

本篇會提到：乾濕分離的重要性、選擇浴缸和瓷磚顏色的要點、打造容易收納的浴室櫃，以至智能馬桶是何等便利，等等。

讓我們一起來探索吧！

chapter 04

BATHROOM

有必要
乾濕分離嗎？

當你買了新房子，就迫不及待地想打造一個獨立又時尚的浴室。在裝修初期，就要做出一個重要決定：要不要做乾濕分離？乾濕分離是一個讓浴室更實用、更美觀的設計方案，主要是將洗手台與淋浴間和座廁區隔開，以至將洗手台移到客廳區域。

以下讓我們來看看乾濕分離的四大優點。

方便多人同時使用

乾濕分離使得如廁和洗漱可以同時進行，尤其在小型住宅中，能有效提高使用效率。即使有人正在使用衛生間，也不會影響其他人的洗漱，日常刷牙洗臉也不再需要等待了！

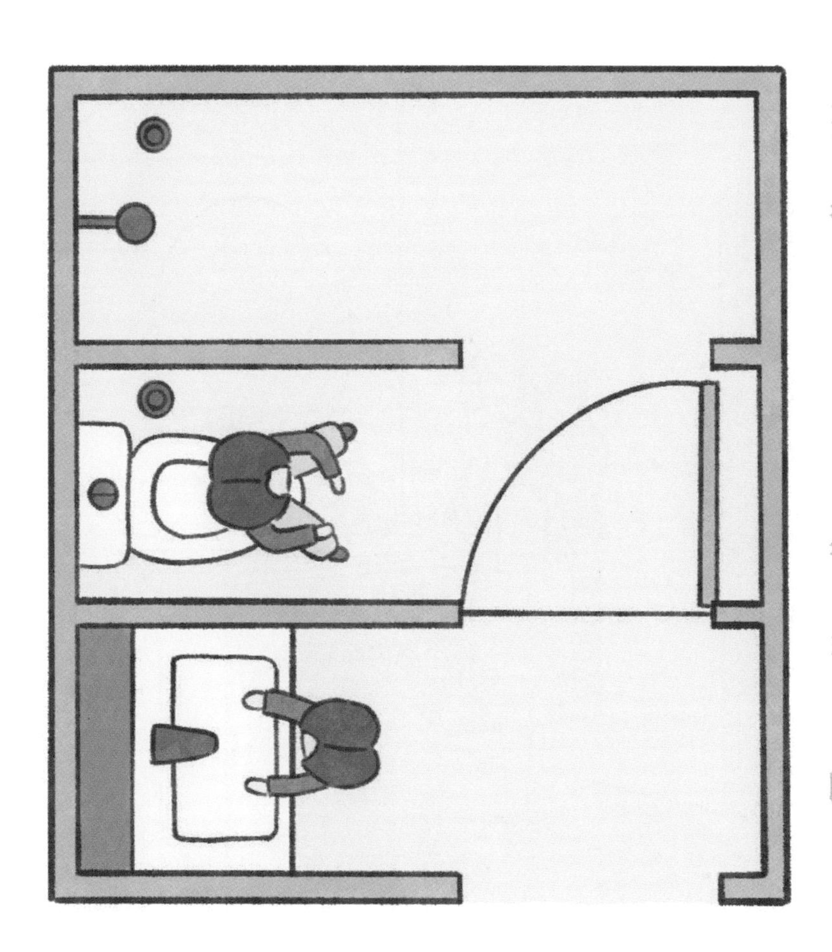

防止滑倒

在濕滑的地板上行走，一個不小心就可能滑倒。乾濕分離讓你保持地板乾爽，擺脫這種風險；你也不用再擔心刷牙時弄濕拖鞋，或是家裏到處都是水漬。

增加設備壽命

潮濕的空氣就像是一隻隱形的小怪獸，悄悄侵蝕你的木櫃和電器。乾濕分離可以減少水氣對家具和電器的損害，讓你的物品更耐用。

節省清理時間

乾濕分離的設計簡約大方，區分清楚，能避免雜物隨處擺放的情況出現，實用性更強，清潔起來也輕鬆省力——只需用抹布輕輕一擦洗手台，瞬間煥然一新，也不再擔心弄濕地板。

小結

乾濕分離將浴室的功能區域劃分得井井有條，讓每個空間都有自己的作用。整體空間更加整潔，讓你的家耳目一新！

打造一套
好的浴室櫃

小戶型浴室收納翻倍的秘密，就在於合理利用浴室櫃。想浴室看起來整齊有序，一套好看又實用的浴室櫃尤為重要。

偷偷藏起來的小角落

試過在用廁後找不到廁紙的尷尬場景嗎？如果你的浴室不是乾濕分離，那麼就可以善用坐廁旁的洗手台櫃子了。隱藏在櫃子側邊的收納架，不僅能方便地放置廁紙和清潔劑等，還能將這些生活必需品整齊地藏在隱秘的角落，不會影響整體觀感。

鏡櫃設置開放格

把常用的護膚用品藏在鏡櫃裏，每次都要打開櫃子才能使用，多不方便！所以，鏡櫃一定要設置開放格，讓你的護膚品唾手可得。這樣一來，浴室台面也不會變成雜物堆積處了。

鏡櫃的收納技巧

鏡櫃裏，你可以將不常用的護膚品按類別整齊地擺放，不但美觀，還能避免塵灰積聚。櫃中內置多功能充電插口，可以讓你的手機、電動牙刷、剃鬚刀等隨時待命。下層洗手台的櫃子則是清潔用品的新家，方便拿取，讓你的生活更為便利。

清爽的台面空間

洗手台台面容易積水，放東西容易產生水垢。解決之道就是將物品掛在牆上。這樣，你的陶瓷台面就能保持乾淨，清潔也變得簡單許多。

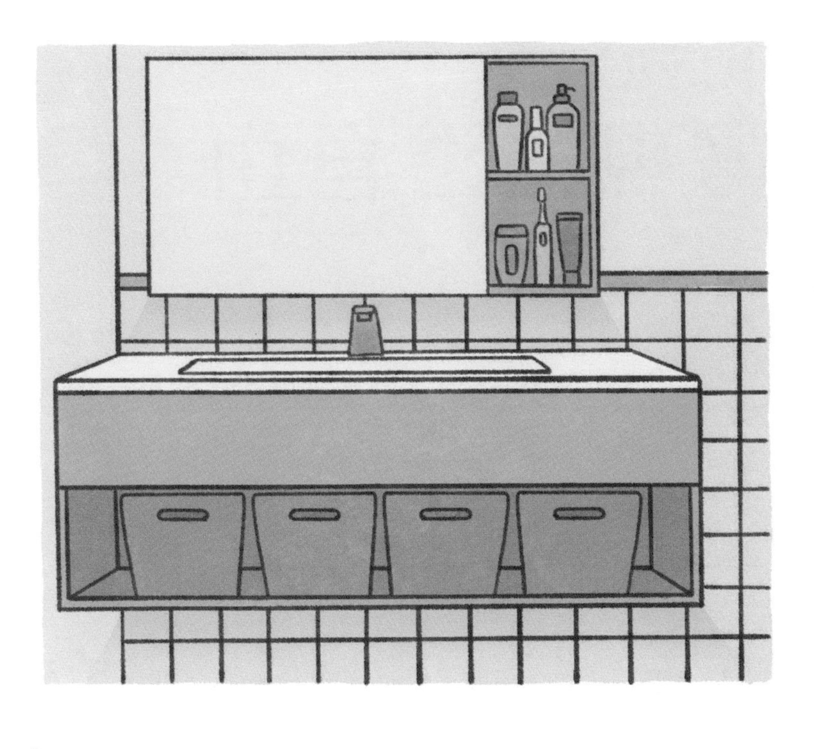

鏡櫃燈帶

營造浪漫氛圍

一套好的浴室櫃，少不了燈帶的點綴。它可以為你的浴室帶來浪漫的氛圍。至於鏡櫃面板上的燈和除霧功能，其實並不怎麼實用，還影響了整體美觀。所以，選擇在櫃的上下方安裝燈帶就足夠了。

小結

在安裝浴室櫃的時候，可以根據你的身高來決定櫃子的高度，這樣就可以避免洗手時彎腰，也不會濺出水來。一個設計得宜的浴室櫃，能讓你的生活更為便利，也讓你的浴室煥發獨特的魅力。

小戶型浴室
實現泡浴自由

忙碌的一天結束後，沉浸在溫熱的澡水中，一邊享受泡泡浴一邊追劇，疲倦立刻煙消雲散。你可能會覺得，家中狹小的浴室根本無法實現你的浸浴美夢。別讓這個困擾打破你的夢想，就讓我告訴你如何在有限的空間中，打造出一個溫馨舒適的浸浴天地。

日式坐浴浴缸

小巧實用

選擇小巧卻實用的浴缸，是細小浴室空間的最佳選擇。日式坐浴浴缸的長度和寬度都相對較短，高度適中，佔地面積不到一平方米。浴缸內部設有小台階，讓你坐着、靠着或躺着都能感到愜意。雖然外表小巧，但是這種坐浴設計完全符合人體工學，讓你泡浴時盡享舒適。小巧的浴缸還有其他好處，就是可以節省水源，以及清洗起來更方便。

量好尺寸

選購前，記得量好尺寸並規劃好浴缸的擺放位置，確保尺寸合適且有足夠活動空間。切記要確保浴缸至少有一個維度（長或闊）比門口細小，否則它就進不了門！此外也要提前規劃好冷熱水口和下水口。

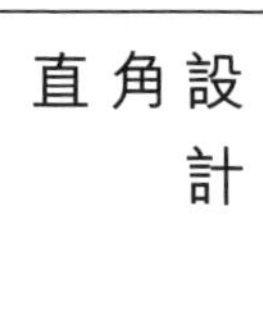

浴缸的邊角可以設計成直角，這樣可以緊貼牆面，方便清潔。

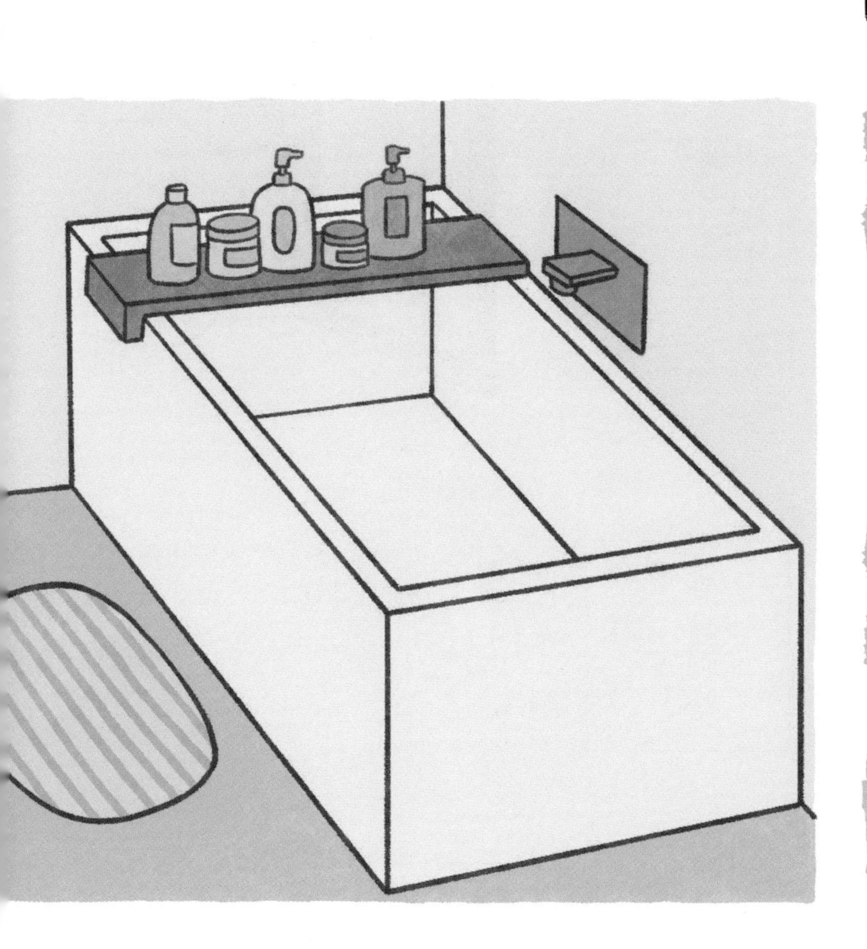

乾濕分離

洗漱區和淋浴區之間，可用玻璃區隔，實現乾濕分離。

小結

不要因為浴缸的大小而阻礙你享受浸浴的樂趣。選擇適合的浴缸，讓你的泡浴時光能隨心所欲。一起來創造你的夢想浴室吧！

如何選購
合適你家的浴缸

如何在狹小的浴室中找到屬於你的浴缸？不用煩惱，讓我們一起來探索，打造一個讓你放鬆身心的浸浴天堂！

亞克力浴缸

亞克力浴缸，或稱壓克力浴缸，是由一種有機玻璃材料製成。

優點：價格親民、表面光滑、保溫效果好，它的形狀和顏色多樣，讓你的浴室瞬間變得色彩繽紛。

缺點：容易刮傷、不耐磨、易褪色、不易清洗，而且泡澡時的排水聲音很大，可能讓你聯想起瀑布。

鋼板浴缸

優點：價格適中、質地輕盈，容易打理、不易褪色，光澤持久。

缺點：保溫不太好，排水時的噪音可能會讓你想起沙漠風暴！

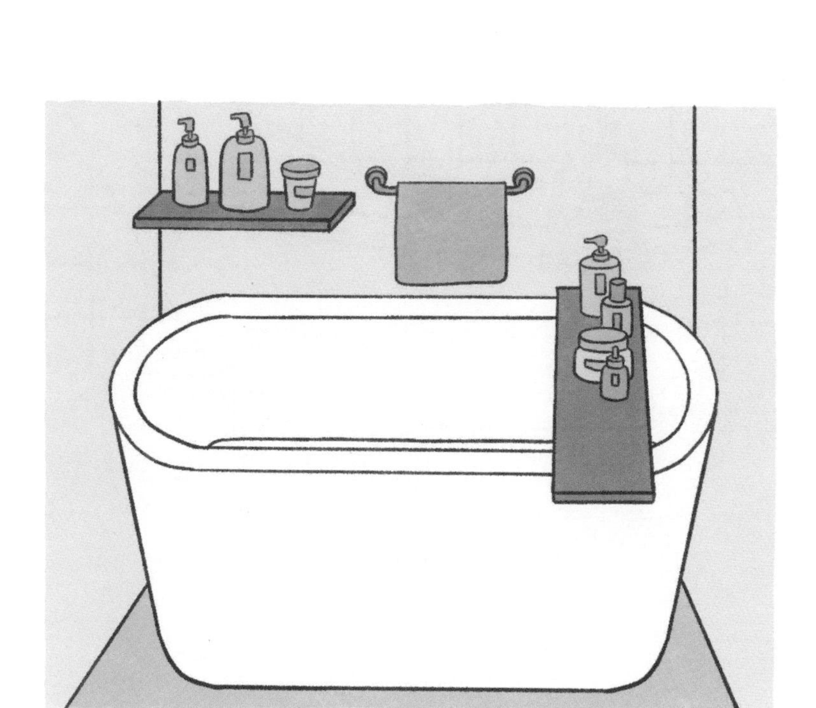

鑄鐵浴缸

優點：超級耐用，耐高溫耐腐蝕，排水時噪音低，清潔起來也很方便。

缺點：價格較高，重量較重，款式相對單一。

木桶浴缸

優點：易於清潔，隔熱性能強，保溫性能好，是一種環保的材料。

缺點：如果不進行適當的維護，木桶浴缸可能會變形和漏水，需要定期護理，細心呵護。

小結

選擇浴缸時，大部分家庭會考慮亞克力材質和鑄鐵材質的浴缸。對於預算有限的家庭來說，亞克力浴缸是性價比最高的選擇，款式和顏色選擇也多。對於追求品質的家庭來說，鑄鐵浴缸的檔次最高，雖然價格較昂貴，但是值得投資。這兩種材質的浴缸就像家庭的寵兒，深受大家的喜愛。

瓷磚應該
配搭甚麼顏色？

當你走進浴室，你希望感受到的是活力還是寧靜？浴室的色彩可以調節我們的心情。選擇浴室的瓷磚時，當然可選擇心儀的顏色，但記得要考慮浴室的整體風格。

以下讓我們來看看一些常見的瓷磚顏色選擇。

白色瓷磚

像白雲一樣的白色瓷磚，可以打造出一個夢幻般的浴室。但是要注意，白色瓷磚容易顯髒，你需要勤快地清潔，才能保持浴室的光亮整潔。

黑色瓷磚

黑色瓷磚可以為浴室帶來高檔的感覺。雖然黑色同樣不耐髒，但較難辨識衛生狀況，這也是它常見於商業場所的原因。

灰色瓷磚

介於黑與白之間的灰色瓷磚，既高端又乾淨。讓你的浴室變成一片寧靜的避風港，這正是灰色瓷磚的魅力所在。

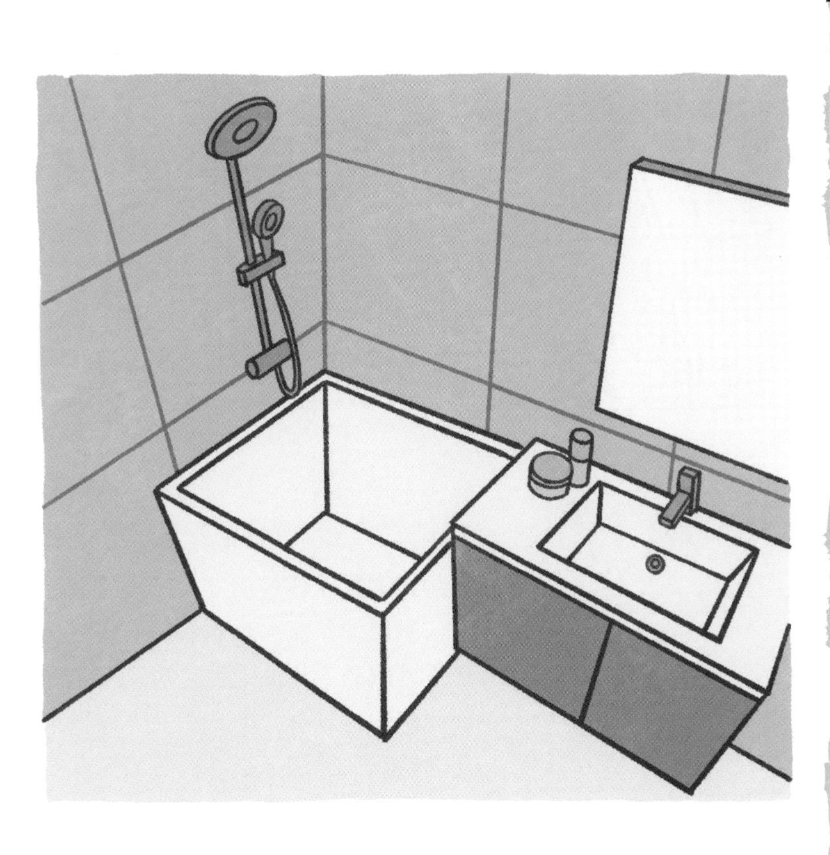

其他顏色

現代浴室的色彩已不再局限於傳統的黑白灰。你可以選擇花磚、木紋磚或陶瓷大板來裝修浴室。花磚展現出的田園風情，讓人想起悠閒的鄉村生活；木紋磚帶來的清新自然氣息，讓你彷彿置身森林之中。陶瓷大板則走高端時尚的路線，讓你的浴室變身為時尚殿堂。

小結

在裝修浴室時做出明智的顏色選擇，讓你的浴室成為一個舒適、時尚的休憩場所。

浴室不可
忽略的細節

浴室不僅僅是洗滌身心的地方，更是生活品味和個性的寫照。以下是精心整理的一些浴室不容忽視的細節，希望對你們的裝修規劃有所幫助。

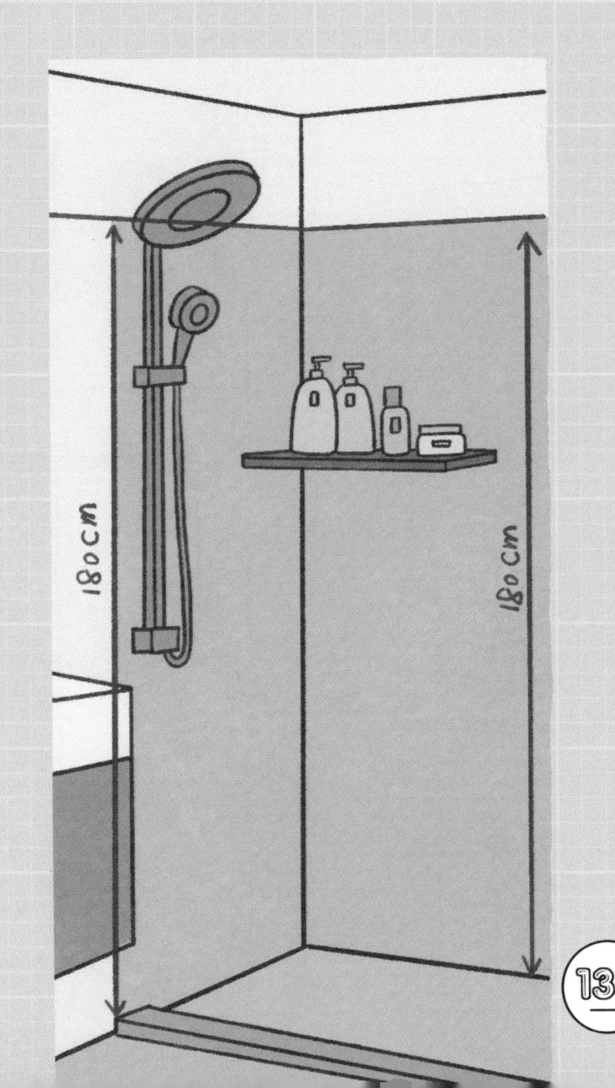

防水層的重要性

防水層可能是你在裝修浴室時首先要考慮的問題。首先，一定要把舊的防水層鏟掉，不能在舊的防水層上直接刷新的，否則可能會出現瓷磚掉落的情況。防水層的高度要做到 1.8 米高，並且在防水層完全乾燥後，進行不少於 48 小時的閉水試驗，以確保防水層的效果。

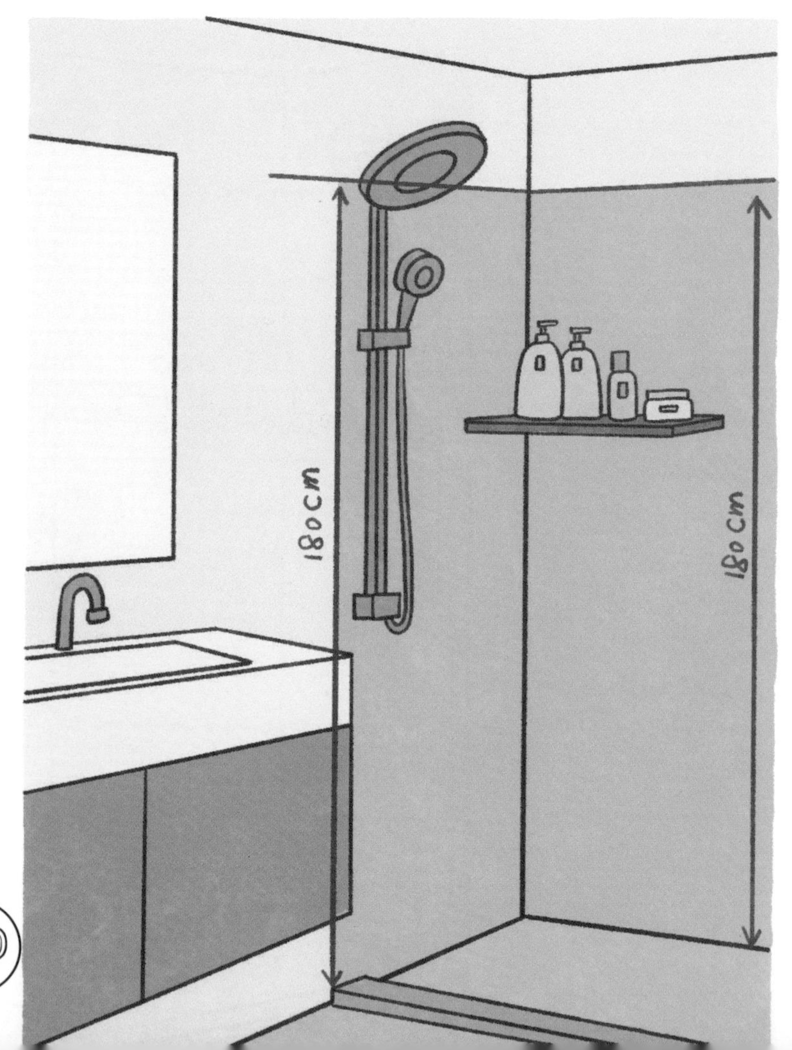

選擇合適的浴室門

浴室的潮濕環境可能會讓木門出現裂痕和木皮剝落的情況。鋁鎂合金玻璃門會是一個不錯的選擇，它美觀大方，亦可以避免在潮濕環境下使用久了會出現像木門般的龜裂現象。

智能馬桶

現在的馬桶不再是過去那種單調的必須品，智能馬桶已經成為時尚潮流，是許多人的首選。現時智能馬桶大多已具備消毒、沖洗、節源以至自動除臭功能，更標榜人體工學設計。在安裝智能馬桶時，別忘了在改電線階段預留插座。另外，最好選購停電也能沖水的智能馬桶，這樣在停電時，你也不會受到太大影響。選擇超漩虹吸式馬桶，不僅沖水聲音較小，節省用水，還能在夜間保持寧靜，不會打擾到家人的休息。

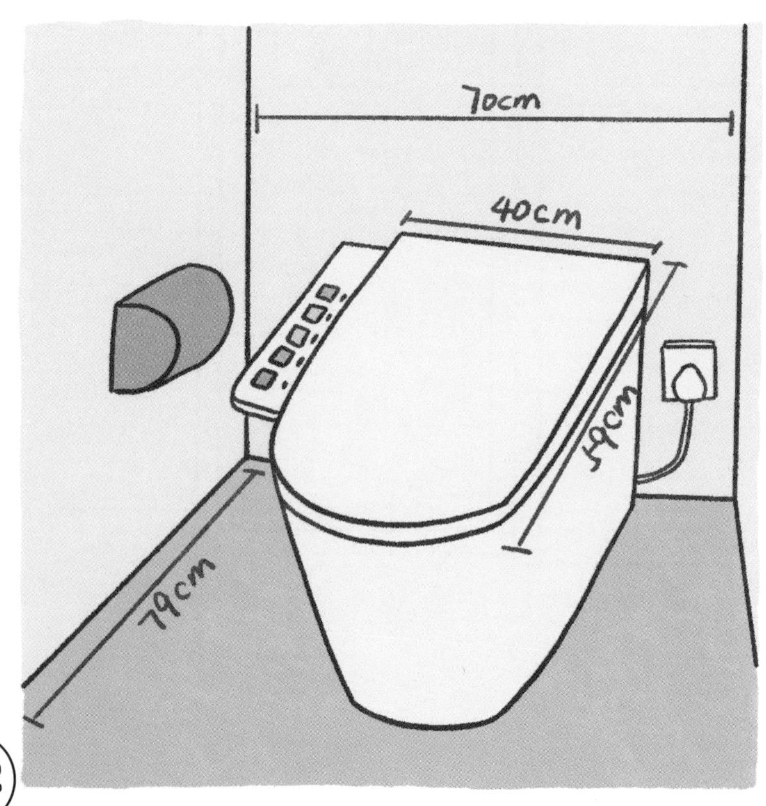

小結

希望這些實用的建議能對你們裝修浴室時有所幫助。一個舒適而實用的浴室，是你生活品味的最佳展現。

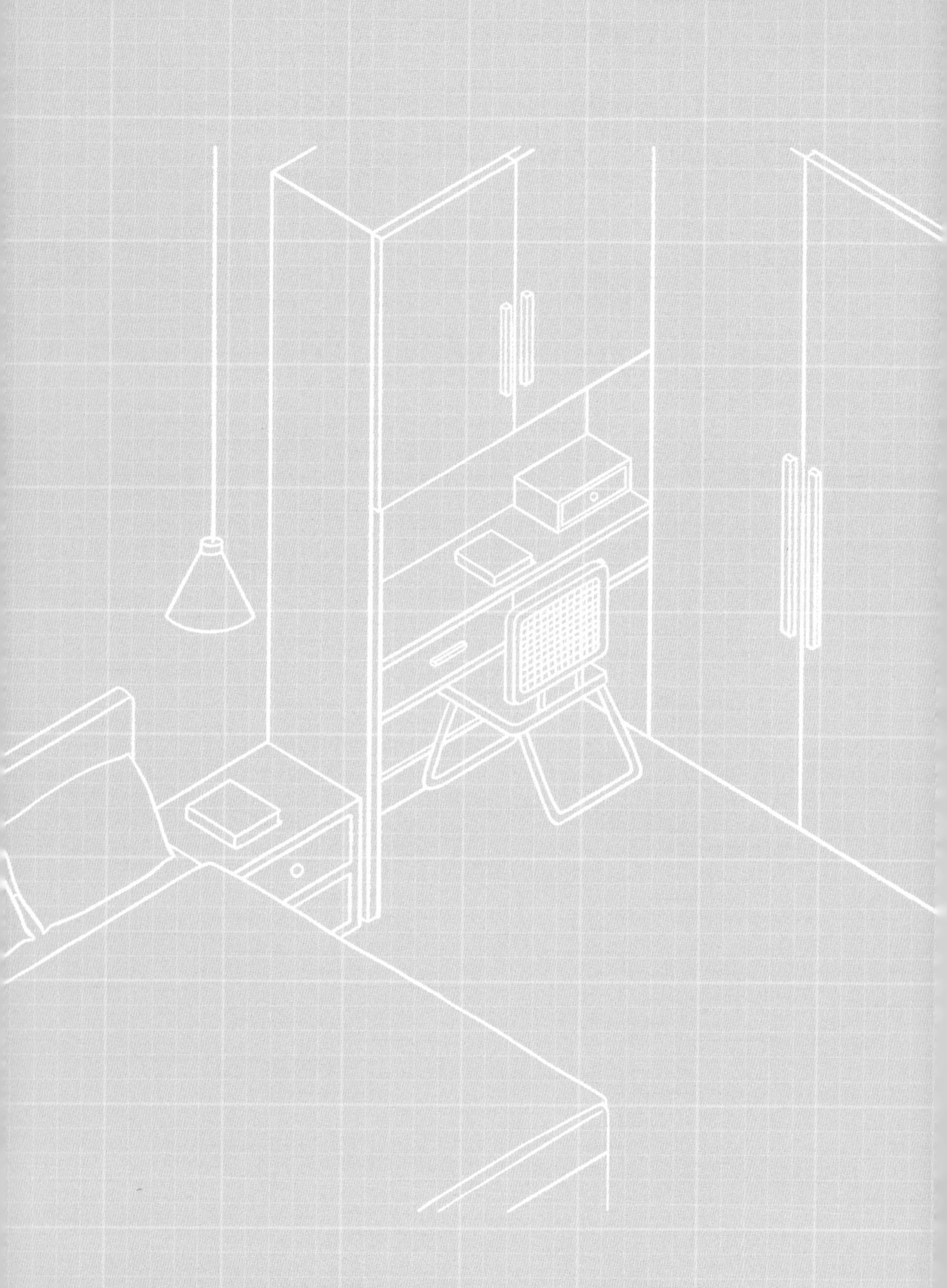

第五章

睡房

夜幕降臨，你是否期待一個溫馨而寧靜的睡房，讓你享受到優質的睡眠？一個雜亂無章的睡房，只會令你在清晨醒來時，感覺更加疲倦。因此，我們的任務就是為你打造一個獨特且舒適的睡房，讓你每天都能擁有夢幻般的休息時光。

chapter 05

BEDROOM

睡房
就是要這樣設計

在繁忙的一天結束之後，我們都期待在一個舒適的睡房裏獲得充分的休息，重新為新的一天充電。因此，好好為自己的睡房設計，讓每一個夢都甜美無比，也讓自己充滿活力地迎接新的一天吧！ 以下是你必須知道的幾個睡房設計原則。

淺色調的美學

淺色調不僅能讓空間顯得更明亮、寬敞，而且對提升睡眠質量有極好的效果。想像一下，每天早晨在一個明亮、寬敞的空間中醒來，豈不是心情也會隨之愉快？

木地板的溫暖

木地板不僅在冬季溫暖，在夏季也涼爽，其溫馨、柔和的質感能為你的睡房增添一份舒適感。輕輕走過木地板，就像在感受家的溫度。

訂製衣櫃的巧思

衣櫃的設計需要合理劃分區域，具備多樣功能，並提供足夠的儲物空間。一個完美的衣櫃，讓你每天早晨都能輕鬆找到你想穿的衣物，讓生活變得更加輕鬆愉快。

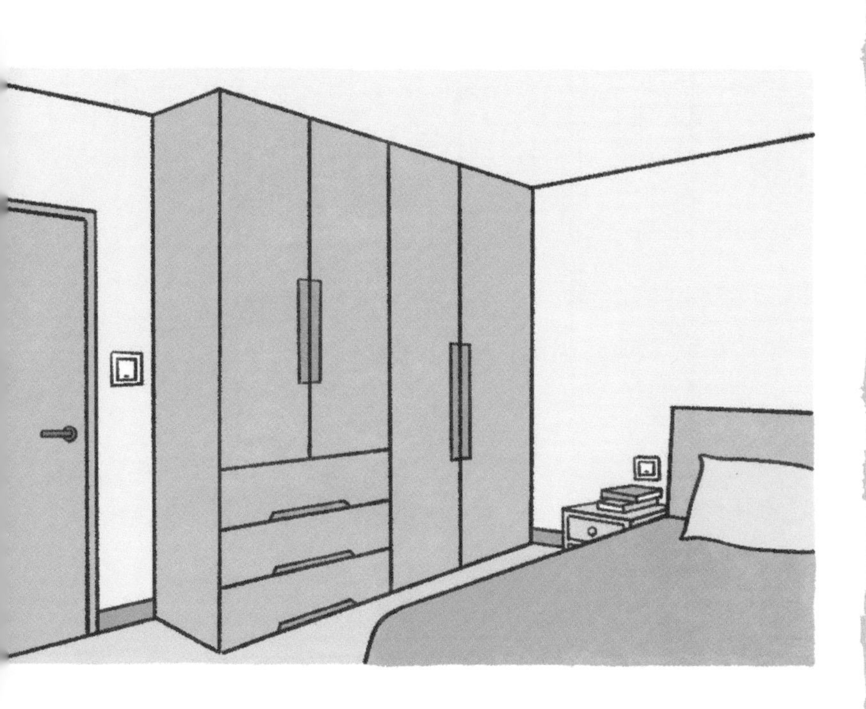

一體化設計的魅力

對於面積較小的睡房，可以考慮一體化的設計，包括床、衣櫃、書桌和書架等聯成一線。這種設計既節省空間，又能擴大收納，也更突顯你的個性。

巧妙運用輔助光源

睡房光源不一定來自主燈，我們也可以增設一些輔助光源，如床頭掛燈；此舉可打造一個舒適宜人的閱讀環境，讓閱讀成為睡前的一種享受。

避開壓逼的房樑

房間裏的房樑會讓空間顯得壓逼；在睡房裏，若是床頭靠房樑，可能會不知不覺給你帶來心理壓力，以至感覺空氣流通不良。另外，在裝修時也注意避免在床頭設計吊櫃，否則也會帶來相似的壓逼感。

選擇窗簾

具有良好遮光效果

為了確保你的睡眠不會被強光打擾，我們需要選擇具有良好遮光性能的窗簾布料。至於紗簾，我們推薦使用純白色，讓透過的光線顯得純淨而明亮。

小結

上述的設計原則，都能讓你的睡房變得舒適溫馨，以後要睡個好覺，絕無難度！

至少用
一面牆規劃儲物

在居住空間有限的現代社會，如何巧妙地運用每一寸空間，已成室內設計的大原則。在有限空間下，我們應該至少在睡房規劃一面擁有強大儲物功能的牆面，讓小空間也能展現強大實用性。

床側衣櫃的魅力

誰說衣櫃只能落地設計？只要滿足儲物需求，我們完全可以將衣櫃巧妙地設計在床的一側，以此節省空間並增加實用性。

床尾衣櫃的智慧

這種設計既常見又實用，它讓我們能輕鬆地安排床、衣櫃、書桌、書架等家具，使空間的運用更加合理。

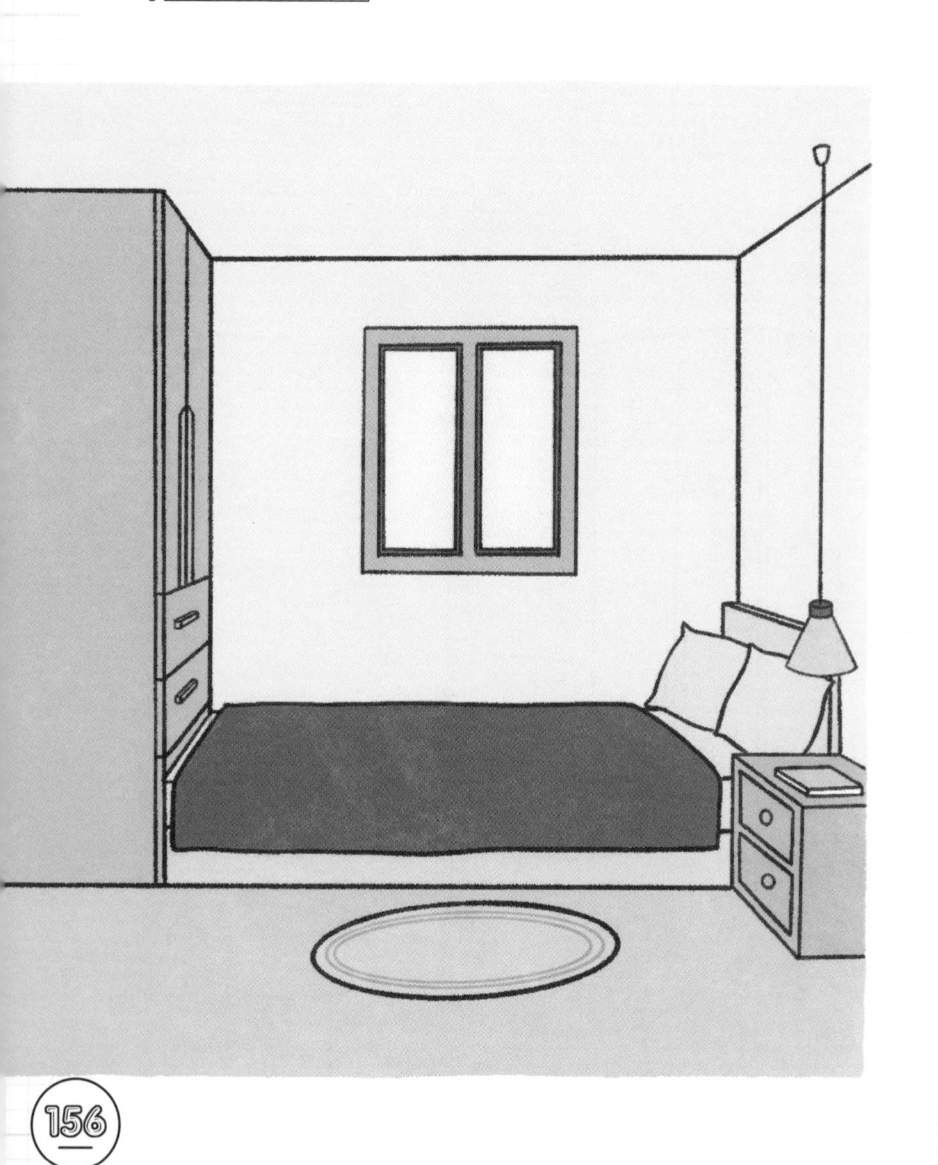

衣櫃與書桌連成一片

這款一體式衣櫃結合懸空書桌的設計，不僅提供了充足的儲物空間，還滿足了日常辦公和學習需求，兼具梳妝台和寫字枱的功能。懸空的書桌設計不僅節省空間，也為居室增添現代感，靈活配合各種生活場景，為使用者帶來多功能的便利。

有窗戶的衣櫃

圍繞着窗戶進行衣櫃設計，可充分利用空間。這樣的設計還可以在自製的窗台上搭配榻榻米，讓這空間更具特色。

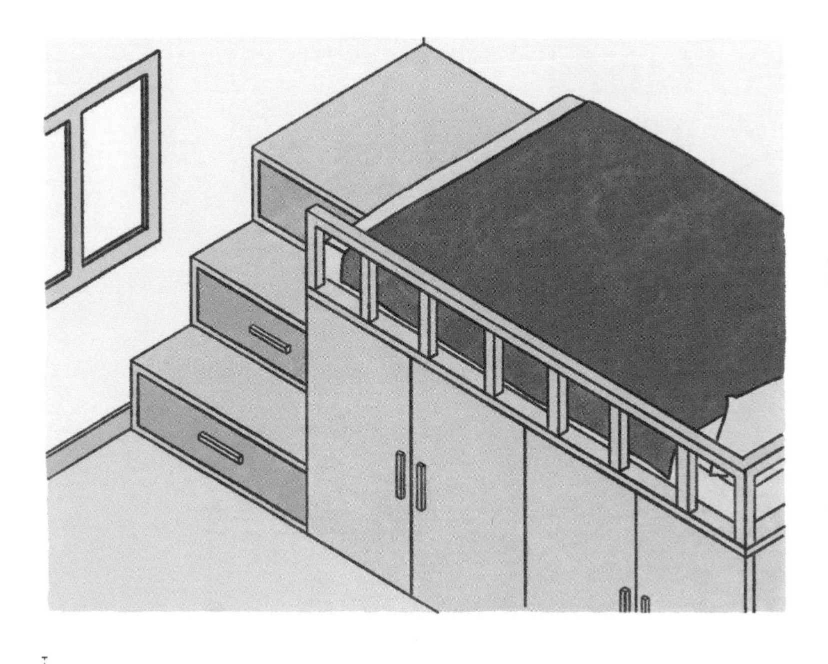

樓梯衣櫃的創意

這種創意設計絕對值得分享，尤其適合兒童房。將床升高，下方做成矮衣櫃（或收納空間），打開側門即可拿取衣物，十分方便。床尾一端的樓梯，既有上落用途，也可做成抽屜，增加收納。

小結

讓我們一起來發掘睡房空間的無窮可能，將每一寸空間都發揮到極致，讓你的睡房更加整潔、實用，同時也充滿了獨特的風格和魅力。

合理佈局
衣櫃愈用愈好用

衣櫃就像一個縮小的家居空間，每個角落都有其特定的功能。如果衣櫃是訂製的，那麼每個分區都應該根據你的使用習慣和動線來設計，這就像穿上為自己量身訂做的禮服般，感覺非常舒適。

數量與分區

在訂製衣櫃前，一定要先清點已有的衣物種類和數量，這樣才能設計出合理的分區。可以根據各種類型衣物的佔比，來確定分區和層板高度，盡可能讓衣物掛起來，掛衣區下方可預留一定空間，方便疊放衣物，這樣不僅可以盡用空間，還能讓衣物更容易取得。

區域劃分

高空區（180cm 以上）

這個區域通常擺放不常拿取的物品，可以說是「低頻率收納區」。你可以把它想像成「衣櫃的閣樓」，適合放置換季被褥等物品。

中間區（60-180cm）

這個區域是衣櫃的「黃金地段」，屬於高頻率使用區。可以設計掛衣區與疊放區，放置當季衣物。掛衣區下方留 10 到 20cm 的空間，可以方便地疊放一些衣物。

底部區（60cm 以下）

這個區域可以設計抽屜，放置內衣、襪子等衣物。

>180cm
60-180cm
<60cm

衣櫃深度與門板寬度

當你打開衣櫃，裏面的衣物排列得整整齊齊，一切都在合理的範圍內，這就是適中的衣櫃深度所帶來的好處。建議衣櫃深度在 55-65cm 之間。這樣的深度能確保衣物好拿好放，又不會浪費空間。

衣櫃門板的寬度也很重要。一般來說，單扇櫃門板寬度為 40-45cm 最合適。寬度少於 35cm 的門板，會顯得狹窄且不美觀；多於 55cm 的門板則會過寬過重，不僅開合時較困難，還可能對門鉸造成損壞。

揮別疊衣困擾

疊衣區就像一個無底洞，一旦你拿出一件衣服，其他的立即亂成一團。因此讓我們一起跳出疊衣區的迷思，優雅地轉向掛衣區的懷抱。在家中的常規層高位置，我們可以考慮設計兩層短衣掛衣區，讓衣物有序掛起，讓每一次的選擇都成為一種享受。

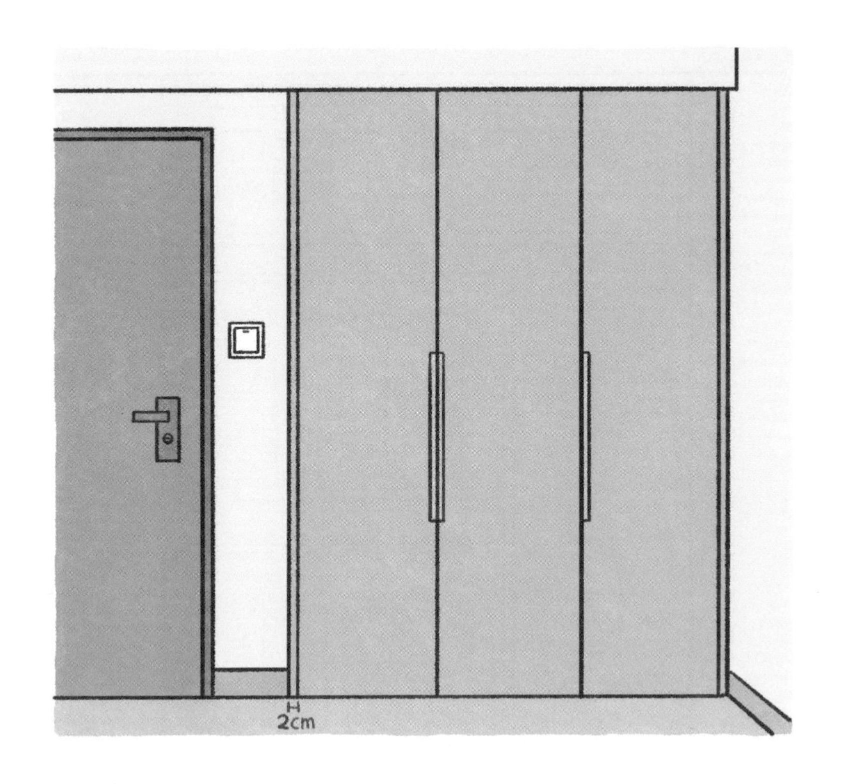

簡約側封板寬度

選擇側封板寬度，就像尋找你的眼鏡框，太粗會顯得笨重和過時，恰到好處的寬度則彰顯簡約風格。一般情況下，側封板的寬度為 5cm，但如果你心儀簡約風格，2cm 的側封板會是你的完美選擇。

提前規劃燈帶

在訂製衣櫃時，別忘了提前確定燈帶安裝的位置，並讓工廠在生產時預留空間。此外為了讓燈帶在你打開櫃門的瞬間點亮，需要加裝變壓器和感應器，記得在佈置水電時請電工預留電源。

小結

訂製衣櫃的魔力在於它讓換季收納不再是一種煩惱。花心思規劃衣櫃的空間佈局，你的家將變得更舒適、更美觀。一個好的衣櫃，就像是你生活中的好幫手，陪伴你走過每一個季節，讓生活變得更加美好。

告別傳統形式的一體式設計

當你踏入這個帶有榻榻米地台床、書桌、梳妝台、衣櫃和書架的半包圍一體式空間時，你將會被其完整而實用的功能所吸引。在這個巧妙規劃的空間中，你能找到生活中所有需要的東西。

是否考慮將睡房改裝成一體式空間呢？在你做出這個重要決策之前，讓我們一同來看看它的優點。

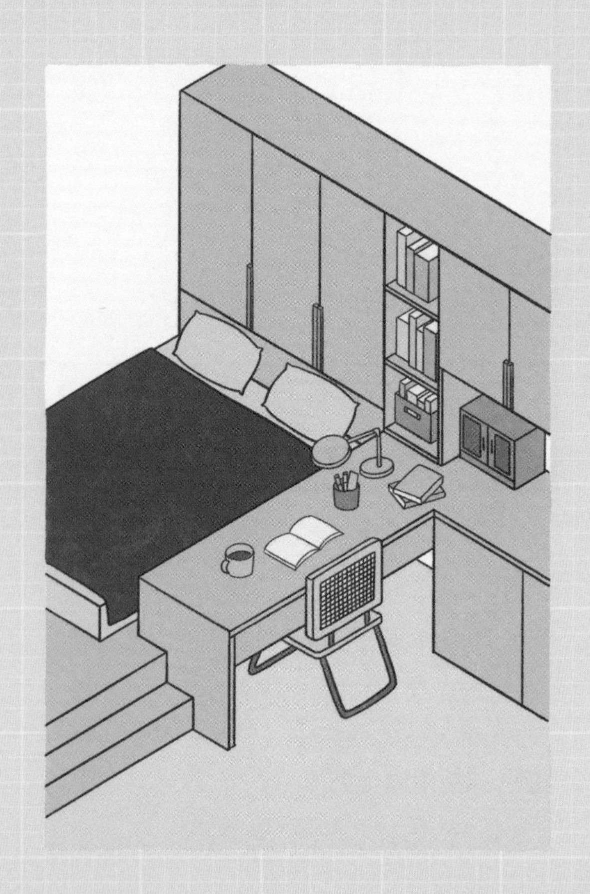

高效的空間利用

一體式的睡房設計，能讓每一寸空間都得到極致的利用，顯著提升空間的使用率。它的收納能力更是高達普通家具的兩倍，即使在空間有限的情況下，也能輕鬆滿足你的各種需求。

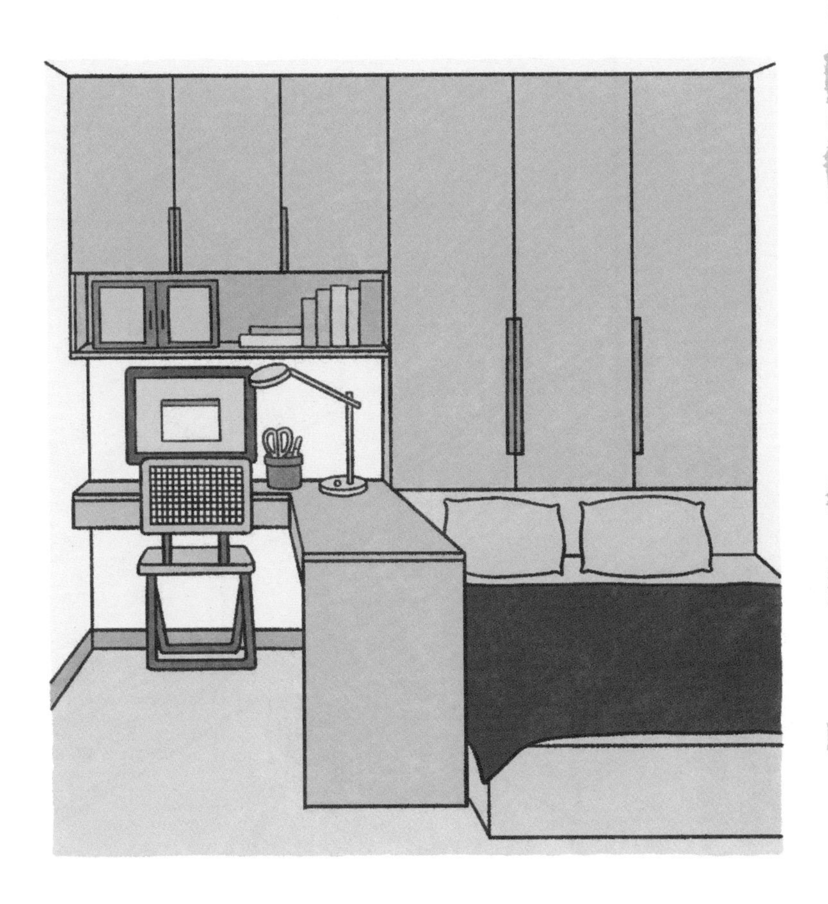

裝飾風格的完美配搭

一體式設計是一個完整而多元的系統，它能為單調乏味的空間注入新的活力，使之充滿無限可能。它可以輕易融入任何風格的裝修中，使你的空間更具個性和風格。

分區的美學

一體式設計也可以將房間劃分成兩個區域，將不同類型的功能分成各自的區域，使你的生活更有秩序。L型半包圍式設計將榻榻米床的側邊包圍起來，形成一個舒適的睡眠區，與學習區相互獨立，使你的生活更有章節。

豐富的功能

一體式設計不僅作為床，還包含書架、衣櫃、儲物和書桌等功能。將生活所需一網打盡，既方便又整齊。

訂製榻榻米地台床

將床體抬高 40cm，床體內部和地台踏步都做成收納設計，讓儲物空間更充裕。

創新的床頭設計

將台面、置物架和吊櫃融為一體，這樣的設計不僅增加了儲物空間，還能很好地延展視覺空間，讓你的房間變得更寬敞。

L 型轉角書枱

書桌的桌面採用了 L 型轉角設計，即使是兩個人同時使用，都有充足的空間，就像在你們的學習空間裏增添了一個溫馨的小角落。在這個充滿安全感的空間裏，你可以自在地工作和學習。

到頂衣櫃

在門口靠牆處，安裝一個到頂的衣櫃，旁邊還可設計成開放式格子，方便收納日常衣物和包包。

小結

這種一體式半包圍式設計，即使在小房間也能輕鬆擁有。儘管空間被物體所包圍，但絲毫不覺擁擠。這樣的設計經過精心佈置後，不僅美觀、實用，也增加你在家中的幸福感。

著者
正男

責任編輯
梁卓倫

裝幀設計
鍾啟善

排版
陳章力

出版者
萬里機構出版有限公司
香港北角英皇道 499 號北角工業大廈 20 樓
電話：2564 7511　　傳真：2565 5539
電郵：info@wanlibk.com
網址：http://www.wanlibk.com
http://www.facebook.com/wanlibk

發行者
香港聯合書刊物流有限公司
香港荃灣德士古道 220-248 號荃灣工業中心 16 樓
電話：2150 2100　　傳真：2407 3062
電郵：info@suplogistics.com.hk
網址：http://www.suplogistics.com.hk

承印者
寶華數碼印刷有限公司
香港柴灣康民街 10 號新力工業大廈 2 字樓 A 室

出版日期
二〇二四年一月第一次印刷

規格
32 開（142 mm ×210mm）

ISBN 978-962-14-7528-2